美国国家地理

教你读懂猫语

完全听懂猫咪内心世界指南

[美]艾琳·亚历山大·纽曼
[美]加里·韦茨曼　著

张靖之　译

中国画报出版社·北京

目录

兽医暨猫咪专家加里博士的话 4
安全警语 5
猫的体型特征 6
猫科家族大集合 8
猫狗比一比 11
猫语小测验 12

肢体语言 15
君临天下 17
等待 19
跟踪 20
扑击 22
游戏 25
捉迷藏 26
磨蹭 28
送礼物 31
理毛 33
舔舐 34
打滚 37
摩擦鼻子 39
睡美人 40
猫语解谜：
　这只猫在说什么？ 42
训猫秘籍：
　训练击掌，教出懂事的猫 43

读懂我的表情 45
缓缓眨眼 47
睁大双眼 49
瞳孔缩成一条线 50

眼皮下垂 52
你瞪我、我瞪你 54
耳朵直立 57
耳朵平贴 58
抽动耳朵 60
耳朵转向两旁 63
胡须伸向旁边 64
胡须伸向后 67
胡须伸向前 69
猫语解谜：
　这只猫在说什么？ 70
训猫秘籍：
　过来过来，小猫咪 71

泄露心思的尾巴 73
蓬起尾巴毛 74
尾巴左右摇摆 76
尾巴抽动 79
用力甩尾巴 80
尾巴向上直竖 83
尾巴盘绕在身边 84
尾巴往上卷 86
尾巴缠绕在一起 89
猫语解谜：
　这只猫在说什么？ 90
训猫秘籍：
　在椅子之间跳跃 91

猫言猫语 92
口中咯咯作响 94
发出嘶嘶声、吐口水 96

嚎叫 99
喵喵叫 101
咕噜声 102
猫语解谜：
　这只猫在说什么？ 104
训猫秘籍：
　外出安全必备 105

问题行为 106
咬人 108
喷尿 111
不肯用猫砂盆 113
抓家具 114
霸凌 116
饥饿游戏 119
离家出走 120
孤僻猫 122
挑食猫 125
猫语解谜：
　这只猫在说什么？ 126
训猫秘籍：
　我抓，我抓，我抓抓抓 ... 127

猫的心情 128
警戒 131
快乐 132
爱玩 134
无聊 136
忧郁、悲伤 138
焦虑 141
苦恼受挫 143

害怕 144
生气、好斗 146
猎食 149
猫语解谜：
　这只猫在说什么？ 150
训猫秘籍：
　芝麻开门，来去自如 151

认识新朋友 152
猫咪谣言大破解 154
爱猫、不爱猫：
　人类与猫咪的爱恨情仇史 156
长毛猫短毛猫一家亲
　（还有无毛猫哦！）....... 160
猫咪的各种花色 164
快来和我玩 166
小测验：
　与猫相处的注意事项 168
相关资源 170
图片出处 172

缅甸猫

兽医暨猫咪专家加里博士的话

猫可以成为你最好的朋友。 它可以是你的灵感源泉、保护你的小天使、你的小猎人,甚至成为你的向导。猫咪的行为有时很好预测,有时又神秘兮兮,有时则彻底疯狂!不过,如果你想要从和猫的相处中获得最大的满足,就必须懂得如何和它交流。毛茸茸的猫咪已经能听懂一点"人话"了,现在也该换我们学学"猫语"了。

我是加里·韦茨曼博士,接下来我将带领你进入这本书中的猫咪世界。我从事兽医和动物救援工作已经有20多年了,目前是美国加州圣地亚哥动物保护协会及防止虐待动物协会的主席。我花了很多时间帮助动物获得妥善的照顾,让它们有一个温暖的家,并获得必要的医疗护理和关爱。在照顾动物的时候,如果人们能懂得它们真正的需要,则能更好地为动物提供帮助。学会解读猫咪的肢体语言、看懂它们的眼神所传达的信息、听懂它们发出的声音背后的意义,这些都能帮助我们理解它们想要表达什么,在某些情况下,甚至能够挽救猫咪的性命。

由于职业关系,我认识了许多的猫咪。事实上,在圣地亚哥动物保护协会有一个猫咪托儿所,专门救助来自圣地亚哥各地失去妈妈的小猫咪。有时候,仅仅一个夏天,我们就救助了1500多只小猫,我希望每一只小猫来到它们的新家后,都能教会新家人"猫语"!

在书中,我会针对各种不同的猫,随时告诉大家有趣而实用的沟通诀窍,包括你自己的猫、邻居的猫,以及跑到你家门前索要食物、寻求避风港或找人陪伴的流浪猫。你将了解到猫是如何演化而来的,学会解读猫的肢体语言,获得更多关于猫的知识,最重要的是,你将学习如何让猫明白你的意思。猫是复杂的动物,但只要你了解它们的习性,知道如何解读"猫语"，一切谜团都将解开。

如今，科学家已经比以往更为了解动物是如何思考的，我们发现，原来动物比我们以为的还要像我们。再加上猫是人类最亲密的伙伴之一，因此，当我们发现它们每天都在努力地用声音、眼神、耳朵甚至尾巴来与我们交流时，也没有什么好惊讶的了。猫其实很懂我们，反而是我们不太懂得猫。现在有必要澄清一个事实——所有动物都会交流，不但彼此交流、和幼仔交流、和捕食者及猎物交流，也和我们交流。从古埃及时代第一批进入人类生活的猫咪开始，经过了将近3500年，猫咪已经学会如何与我们交流，现在是我们学习它们语言的时候了。

所以，请继续阅读本书来学习"猫语"吧，你的爱猫将会因为你终于懂得怎么跟它交谈而开心不已！

本书中的猫咪图片，除特别标示外均为美国短毛猫，它们有着不同的颜色和斑纹，如虎斑猫或三花猫等。

安全警语

尽管国家地理尽可能确保本书所记录的训猫诀窍、情境和对猫咪行为的解读，都是根据最新、最精确的资料编写而成的，但要知道，猫和其他所有动物一样，都有难以捉摸的一面。

无论你多么小心谨慎，遵守多少规则，不好的状况还是有可能发生。此外，本书中有许多建议和准则都需要对猫进行密切观察，而观察者有时未能看出一些细节的情况也在所难免。因此，虽然本书收集了大量的专家建议，但并不保证这些建议在特定情况下每次都能奏效。只要碰到陌生的猫，你都应该格外谨慎，就算是熟悉的猫也不能太大意。

本书所有内容和信息都必须根据书中的情况如实理解，不附带任何保证。书中所描述的情境和活动本身就有风险，读者运用这些信息时，需自行评估并承担可能产生的一切风险，包括因信赖本书在特定情境下的精确性、完整性、有效性与适合性而产生的风险。对于读者因实践本书内容所产生的一切个人或非个人的责任、损失或风险，作者与出版机构概不负责，特此声明。

猫的体型特征

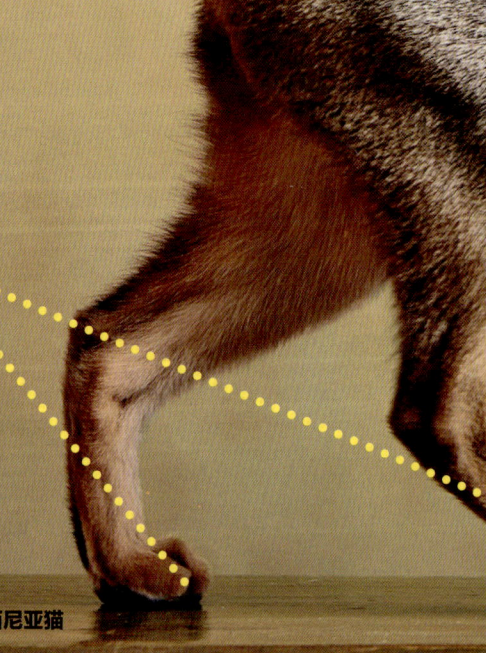

被毛： 猫的被毛的颜色、长度、纹理和厚度依品种而异。全身纯白色的猫不是很常见，这是个好现象，因为纯白色的猫比其他颜色的猫更容易出现健康问题，而且皮肤可能会被晒伤。

尾巴： 像狮子、老虎这样的野生猫科动物，行走时尾巴水平举着或者夹在两腿之间，而家猫在行走时尾巴可以高高地举起来，这在猫科动物中是独一无二的本领。

趾甲： 大部分的猫前脚有五个脚趾、后脚有四个脚趾，但有些猫会多长出两到四个脚趾，这种现象称为多趾。每个脚趾末端都长着尖锐的钩状爪子。在不追捕猎物或打架搏斗的时候，猫会把爪子缩进去藏起来。

阿比西尼亚猫

耳朵：猫的每只耳朵上大约长着20块肌肉，两只耳朵可以同时转向不同的方向，这样猫就能精准地分辨出声音的来源。

鼻子：猫的鼻子有大约2亿个嗅觉细胞，而人类只有500万个。异常敏锐的嗅觉使猫能够精确地判断猎物的位置。

眼睛：猫的眼球后方有一个叫作"脉络膜反光毯"的特殊构造，这使猫拥有极佳的夜视力。不过在明亮的阳光下，猫的视力反而不如人类，无法看清细节。

牙齿：小猫四个月大的时候，乳牙开始脱落，然后恒齿渐渐长出来。

须：猫的脸颊上长着既敏感又硬挺的须，便于在黑暗中感应障碍物，在捕猎时还能发挥"短程雷达"的功能，判断出合适的时间，然后扑上去给猎物致命的一击！

舌头：猫的舌头上布满倒刺，它有很多功能，卷起舌头可以舔水喝，伸直舌头能把肉从骨头上刮下来吃，还可以当成毛刷来理毛。

猫科家族大集合

假猫
1100万年前，这种中等体型、样子很像猫的动物生活在中亚地区，如今已经灭绝，它是所有现存猫科动物的始祖。

假如猫科动物要举行家族派对，它们需要邀请来自40多个谱系、分散生活在世界各地的猫科亲戚们。猫科分类法在不断改变，近年来科学家通过分析DNA，将猫科家族成员们分成了13类。以下列出了其中11类最具代表性的猫，非洲金猫及美洲狮这两类没有列出。

加拿大猞猁
加拿大、美国阿拉斯加

特点：大大的脚掌上长有厚厚的毛，就像穿着雪地鞋一样。

类别：猞猁属（*Lynx*）

种数：4

石纹猫
印度尼西亚

特点：毛茸茸的大尾巴几乎和身体一样长。

类别：纹猫属（*Pardofelis*）

种数：1

小斑虎猫
巴西

特点：2013年发现的猫科最新成员。

类别：虎猫属（*Leopardus*）

种数：7

狞猫
非洲

特点：擅长跳跃的沙漠猫族。

类别：狞猫属（*Caracal*）

种数：1

马来云豹
婆罗洲和苏门答腊

特点： 大部分时间在林冠上活动。

类别： 云豹属（*Neofelis*）

种数： 2

非洲狮
撒哈拉以南非洲地区

特点： 吼声巨大，在8千米以外都能听到。

类别： 豹属（*Panthera*）

种数： 4

猎豹
非洲和伊朗

特点： 陆地上跑得最快的动物，可以在三秒内从静止加速到每小时97千米。

类别： 猎豹属（*Acinonyx*）

种数： 1

薮猫
非洲大草原

特点： 脖子很长，有"长颈鹿猫"之称。

类别： 薮猫属（*Leptailurus*）

种数： 1

亚洲金猫
亚洲

特点： 有"火虎"的别称。

类别： 金猫属（*Catopuma*）

种数： 2

渔猫
印度、中国与某些东南亚国家

特点： 趾间有半蹼，适于游泳及捕鱼。

类别： 渔猫属（*Prionailurus*）

种数： 5

家猫
随处可见！

特点： 会发出咕噜声，舒服地蜷缩成一团。

类别： 猫属（*Felis*）

种数： 7

有些人喜欢狗，有些人则喜欢猫，狗和猫是当今世界上最受欢迎的宠物了。有趣的是，实际上它们有着截然不同的生活习性。虽然它们从叫声到玩耍方式千差万别，但很多人都遇到过相处融洽的一对猫狗伙伴。它们彼此喜爱，就像我们人类喜爱它们那样。下一页这张表列举了猫和狗到底有哪些地方不同，一起来看看吧！

暹罗猫和可卡犬

 比一比

猫	狗
擅长狩猎	擅长乞讨
认为别人对它好是应该的	为了得到赞赏而努力
可以发出100多种不同的声音	可以做出100多种不同的表情
很难懂	很好理解
因外表而被饲养	因专长而被饲养
享受孤独	喜欢结伴
善变	忠诚
把喜怒哀乐隐藏起来	心情都表现在尾巴上
成天打瞌睡的"懒虫"	精力充沛的"工作狂"
喜欢抓着窗帘往上爬	有时会把窗帘吃下肚
天生野性难驯	天生温驯服从
想的是:"这对我有什么好处?"	说的是:"告诉我你想要什么。"
很难(但有可能)接受训练	很容易接受训练
喜欢睡在你的头上	喜欢睡在你的床上

测试一下你有多了解猫吧！你能看出下一页中这些猫的姿势传达的是哪些情绪吗？请在框框里填入对应的英文字母。

（答案见下一页右下角）

☐ **1. 放松**   "好一个平静安宁的日子。"

☐ **2. 生气**   "走开！再不走我就不客气了！"

☐ **3. 友善**   "嘿，你可以随便抚摸我哦。"

☐ **4. 害怕**   "再靠近一步我立马开溜！说到做到！"

☐ **5. 焦虑**   "不妙，讨厌的事要发生了。"

☐ **6. 想玩**   "来嘛，跟我一起玩。"

除了C是彼得秃猫之外，上图中的猫都是美国短毛猫。

答案：1.A；2.C；3.E；4.B；5.D；6.F

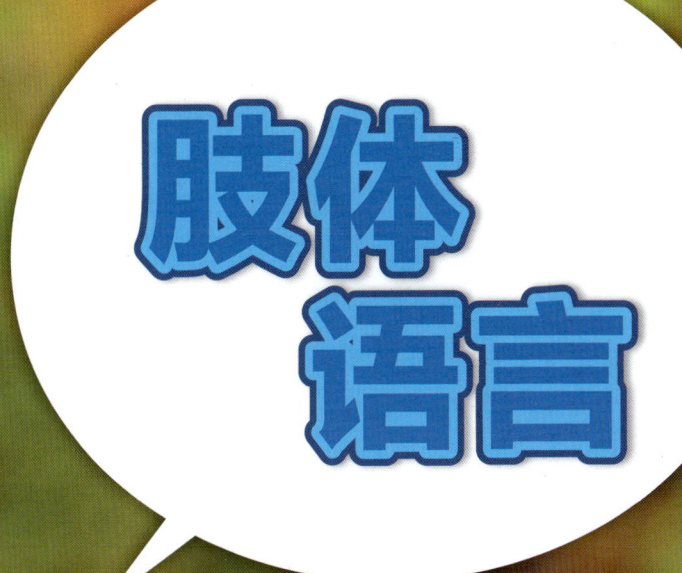

肢体语言

猫咪的行情持续看涨。在世界各地，猫都已经成为最受欢迎的宠物之一。我们欣赏猫咪矫健、敏捷的体格，喜欢抚摸它身上美丽柔软的毛；只要听到小猫发出满足的呼噜声、在我们的脚边磨蹭，或者爬到我们的大腿上蜷缩成一团，就会有一种幸福的感觉。不过，有一件事我们一定要先搞清楚：猫和狗是不一样的。

猫和狗不但长得不一样、行为不一样，而且（我们相当确定）连心里想的也很不一样。之所以会这样是有理由的，除了猫和狗是两种完全不同的动物之外，家猫与狗相比，很晚才走进我们的生活。人类大约在 1.2 万年前开始驯狗并和狗生活在一起，而人类开始养猫的时间则晚了 8000 年，这代表猫还没有足够的时间演化得更驯良、更服从。

相对于狗需要我们的照顾，猫仍然保有很大的野性。它们习惯于自给自足，通常会把喜怒哀乐隐藏起来，除非你懂得怎么观察，否则开心的猫和难过的猫可能看起来差不多。不过，猫多多少少还是会通过肢体语言来沟通，而你可以学会解读这种语言！现在让我们继续阅读，看如何解读猫的肢体语言吧！

小切斯特又来了，又在乱闻格兰迪太太的垃圾桶。

加里博士的叮咛

猫咪可能以为待在高处比较安全，但事实上并非总是如此。生活在城市里的猫有时会遭受"高楼综合征"带来的痛苦，所谓"高楼综合征"是指住在高楼上的猫咪从阳台、窗户或逃生梯跳下来或失足坠落的现象。住在高楼层的猫主人应该给阳台栏杆加装铁丝网，窗户也一定要装上与窗框紧密贴合的纱窗。从高楼摔下来的猫只有极少数能够幸运地存活下来。

肢体语言

君临天下

你一定看过猫在高处一副君临天下的模样吧。它有时候站在树枝上,有时候在屋梁上踱步,有时候则坐在书柜或冰箱顶上。猫天生就是攀爬和跳跃的能手,所以它们能爬那么高一点也不奇怪。问题是它们为什么要爬那么高呢?

猫咪这样做,有两个原因。首先,谁都喜欢视野良好的地方,猫尤其是这样。身在高处让这些好管闲事而又毛茸茸的小家伙不但看得到我们在做什么,还能把与它竞争的猫的动静看得一清二楚,而且可以避免正面冲突——猫会尽一切可能避免跟同类打架。

第二个原因和安全有关。在野外,当花豹遇到危险时,会爬到树上以逃避危险,同样的道理,当家猫紧张时也会爬上楼梯。你可以为爱猫做的最棒的一件事就是,帮它在高处安排几个绝佳的休息位置,例如够宽的窗台、垫得又软又厚的高背椅,或者在柜子上放一个枕头,猫都会很喜欢。如果你养了好几只猫,那么要让每一只都拥有自己的位置,而且就像小孩坐车都会抢着坐前座一样,你的猫很可能也会争夺那个公认的宝座。

猫可以跳到自己身高五到七倍的高度。

欧洲短毛猫

肢体语言

等 待

"永不放弃"是一句励志的话,不过猫永远不需要这样的鼓励,因为它总是在不停地尝试。假设你的猫喜欢躺在厨房的料理台上,你知道那种情况:它跳上料理台,你把它抱下去,它再跳上来,你再抱下去……就这样一来一往,永无止境。最后你只能妥协,让它爱怎样就怎样,要不然就把它关在厨房外,不让它进来,但接下来它大概就会在门外大声哀嚎了!

猫是毅力惊人的动物,这种不屈不挠的天性与它的狩猎习性有关。猫不会像狼那样对猎物穷追不舍,而是耐心地埋伏起来,等待机会伏击猎物。身为偷袭高手,家猫脑子里天生就已经设定好按部就班的猎食原则了:

1. 等待并观察。
2. 伏低跟踪。
3. 扑击!
4. 用一只前爪抓住猎物。
5. 咬住猎物颈部,把猎物咬死。
6. 大口吃肉,饱餐一顿。

这就是为什么猫能在老鼠洞口外耐心地坐上几个小时,聚精会神地等待它的食物自动现身。当老鼠真的钻出洞口,就是猫大快朵颐的时候了!就算最后不可能等到食物,猫还是会等待并观察,因为这种等待是狩猎程序的第一步。一旦本能被鸟儿的拍翅声或眼前某个快速移动的物体激发起来,猫与生俱来的天性就会使它坚持下去。

有些猫看到那明知捉不到的鸟儿,会感到很沮丧,而美国马里兰州敦刻尔克的黑猫史努比可一点也不介意,它经常坐在电视机前观赏有关大自然的节目。

肢体语言

跟 踪

在猫捉老鼠的生存大战中,稳扎稳打才是获胜之道。你看过猫捕猎时匍匐前行的样子吗?它绷紧全身的肌肉,脚掌的肉垫着地,蹑手蹑脚地前进,眼睛紧锁目标,耳朵转向前方。猫主要在夜间猎食,由于鼻子下方是视线盲区,当猫逼近猎物的时候,两颊的胡须会向大脑传递信号,指出猎物的确切位置。科学家曾经做过一项实验,把一只猫的眼睛蒙住,跟一只活老鼠一起放进箱子里。结果发现,猫的胡须一碰到老鼠,就会马上扑过去将它一口咬死。这个过程花了多少时间?仅仅十分之一秒!

猫之所以能够灵活自如地在夜间猎食,就是因为它靠眼睛、耳朵、鼻子和胡须的共同协作来获取信息。对于远处的猎物,捕猎过程可能需要花上几分钟,猫先是静止不动,但抽动着的尾巴难掩它此时的兴奋。当猎物靠近时,猫的脑袋开始左摇右摆,这代表它准备扑上去了。

猫和大象都是**趾行动物**,也就是说它们是用**趾尖走路的**。

再会了，小鸟儿。

加里博士的叮咛

　　猫一向是捕猎高手，但这并不代表它在任何环境中都能强健地生存。如果你把猫随便丢弃到一个陌生的地方，然后扬长而去，任其自生自灭，那么它将性命堪忧。一旦它被丢在有其他猫出没的地方，通常会受到那些猫的驱逐，终日食不果腹，遭受疾病和寒冷的威胁，还有可能被凶猛的动物捕杀，或在交通事故中丧命。所以我们千万不要做出这样残忍的举动，帮它找一个温暖的家吧。如果实在找不到人领养，至少可以把它送到动物收容所去。

肢体语言

扑击

留神等待、伏低跟踪、猛力一扑！当然，也不见得百发百中。扑击是猫咪捕食招式中的第三步，也是讲究诀窍的。这一扑得瞄得非常准才行，要是没有命中，就必须回到第一步重新坐下来留神等待，再重复一次这样的步骤。科学家指出，猫的捕食六步骤需要通过一套"动作模式"来进行，也就是必须按照固定顺序完成一系列动作。

这就像棒球投手在投出暴投之后，不会马上再投出下一球一样。首先，他会把手上的球擦一擦、看一眼捕手，然后上身往后倾、抬起一只脚，完成诸如此类的动作。不论投手习惯的步骤流程是什么，他都必须按部就班地把这套动作重复一遍。猫在捕食的时候也是如此，只不过等到它把所有步骤都重复一遍之后，猎物早就逃之夭夭了。

棒球投手需要勤练投球，才能拥有精湛的球技，猫也一样。你可以在一根细棒上绑一根绳子，让绳子在地上拖曳，或者将纸揉成团丢在地上，让你的猫有目标可以扑。即使是养尊处优的室内猫，也会喜欢玩捕猎游戏，因为这样做能满足它与生俱来却从来没有机会派上用场的强大本能。

家猫到外面**猎食的时候，平均一天会追捕十只老鼠；但真正得手的只有三只。**

肢体语言

游 戏

猫和小孩一样，非常喜欢玩。它们奔跑追逐、飞扑滚打、你攻我退，这跟猫在捕食或格斗的时候出现的行为相同，那么一只猫是怎样知道另一只猫是想打架还是想玩耍的呢？

原来猫与猫之间会发出特殊的信号，让对方了解自己的意图。比如这只猫在地上打了个滚，脸上一派悠闲的表情，另一只猫就会往后一坐，两只前爪举在空中，或者也可能两只猫反过来。不管怎么样，双方都了解了对方的意图，然后就开始玩耍了。

小猫咪在三周到七周的时候，会从同窝其他小猫身上学会理解玩耍信号。假如在这段关键时期里，小猫咪跟同窝兄弟姐妹分离，那么它将永远没有机会学会这些信号，即使这些猫以后也会玩玩具，它们也永远无法跟其他猫玩在一起。

这里要提醒大家：成年猫用后脚站立的时候，不一定表示它想玩，也有可能是它想大发脾气。所以在你伸出手跟它互动之前，最好先观察一下它的尾巴是否在抽动，如果它的尾巴在抽动而你和它互动的话，那你很有可能被抓伤。

最棒的猫咪玩具有时并不昂贵，例如纸袋或是丢在地上皱成一团的报纸对猫咪来说都是很好的玩具。

肢体语言

捉迷藏

小辣椒是一只虎斑猫，跟一只名叫巴菲的荷兰毛狮犬住在一起。两个小家伙处得很好，经常在一起玩，巴菲不会伤害小辣椒，但有时候会把小辣椒的整个脑袋含进嘴里玩。它们的小主人韦德觉得小辣椒需要一个属于自己的休息空间，也可以说是一个安全的避风港，于是他在掀盖式鞋盒的纸盖板上挖了一个小洞，然后把鞋盒放在书架上。

小辣椒很快就把鞋盒当成了它的避风港，一旦巴菲玩得太过火了，它就跑进"洞穴"里面躲起来。它先把鼻子伸进小洞推起盖板，然后跳进鞋盒中，盖板会重新盖上，这样它就躲到里面了，不过它的尾巴常常会从洞里露出来。它一直等到外面风平浪静了才会钻出来。

猫感受到压力的时候，第一反应是找地方躲起来。越是狭小、黑暗、安静的地方，这些胆怯的小毛球越觉得安全，所以主人最好能主动提供这样一个避风港，例如可以拿一个倒扣的盒子，并且在旁边开一个口，也可以用一个空纸袋，等等。如果放任猫自己寻找躲藏的地方，它很容易被困到危险的地方出不来，例如壁橱、行李箱、抽屉、洗衣机、洗碗机、烘干机等。如果碰巧屋子在装修，猫甚至可能被困在墙壁里面。

加里博士的叮咛

猫主人要十分注意猫与汽车的接触。猫有被汽车碾轧的风险，除此之外，猫还非常喜欢睡在停放的车子里或车底。尤其在冬天，猫会钻进轮圈或车盖底下取暖，早上不知情的主人开车去上班，躲在车里的猫不是被转动的风扇皮带割伤，就是从高速运转的轮圈里甩出来。夏天的时候，猫主人开车出门前最好也检查一下，因为猫有时候会在车顶上晒太阳。

娜塔莎是一只生活在美国加州的猫，有一次它躲到洗衣机里，也不知道怎么熬过了 35 分钟的完整洗衣程序，被发现时全身湿透且饱受惊吓，但同时也被洗得香喷喷的。

我躲在这里你一定找不到！

肢体语言

磨蹭

有没有发现,你的猫咪会故意用额头撞你,或者在你的腿边磨蹭身体。这是怎么回事呢?主人通常认为猫这种行为是在讨要食物,对于有些猫来说确实是这样,经验告诉它们磨蹭完之后就会得到食物。但猫用头和身体磨蹭主人的初衷真的是为了得到食物吗?这种奇怪的行为困扰了科学家很长时间。

许多科学家认为,由于猫的脸颊、下巴和尾巴附近有很多分泌气味的腺体,猫这样做是想散布自己的气味,这种气味只有猫族才闻得到。不过猫行为专家约翰·布拉德肖提出了新的见解,他发现,猫也会用身体磨蹭其他猫甚至狗,这样做并不会获得食物或其他回报;此外,猫在磨蹭的时候并没有嗅,似乎并不在意主人身上有其他猫的气味;而且猫只磨蹭它们喜欢的人或动物。所以布拉德得出一个结论:我们的爱猫这么做没有任何目的,这只是它们表达好感的一种方式。事实真的是这样吗?也许是吧。但我们仍然需要更多的研究才能确认。

除了全身无毛的斯芬克斯猫,几乎所有猫都免不了掉毛,而毛会沾在家具和衣物上,其中柯尼斯卷毛猫掉的毛最少。

柯尼斯卷毛猫

棕色虎斑猫

肢体语言

送礼物

呃……你的猫咪将一只死老鼠叼回来放在了门口，更让你无奈的是，它甚至把嘴里垂死挣扎的老鼠丢到你脚边。捕猎是猫与生俱来的本能，这种能力帮助它们更好地养育下一代。有时母猫会把现成的食物带回家，有时则会把活着的猎物带回来，这是为了向小猫示范怎么捕猎。

也许你会说，我的猫并没有抚养小猫，它为什么也这么做呢？一些科学家认为，那是因为猫跟你太亲近，以至于把你当作它的幼崽了。也有专家不认同这种说法，毕竟你的体型比猫咪大太多了。

更合理的解释是，宠物猫的这种行为就像猎人。猎人捉到一只鹿之后，并不会急着把它吃下肚，而是会把战利品带回去给家人看，稍后再一起享用。还有山狮，它们也会把捕获的猎物先拖进树林里，用叶子盖起来，然后分几次一点一点地吃掉。这就是为什么有些家猫并不吃带回家的猎物，而是去吃盛在碗里更美味的猫饲料。

下次当猫咪送给你一份让你惊愕的礼物时，不要骂它，而应该夸奖它捕猎的本领，因为它衔在嘴里的那只老鼠可能就来自你家厨房！你要做的是，把塑料袋套在手上，捡起地上的恶心东西，丢进垃圾桶里。你应该庆幸自己不需要真的吃掉它。

桃瑟儿是一只住在**苏格兰珀斯的母猫**，它是捉老鼠**数量最多的世界纪录**保持者。在它 23 年的生命中，一共捉了  28899 只老鼠。

要当万人迷
就不能偷懒。

加里博士的叮咛

　　很多猫都喜欢让主人帮它梳毛。经常帮爱猫梳毛,不但能减少毛球的产生,还能刺激猫咪的皮肤分泌油脂,使毛色看起来更健康。猫也需要洗澡清洁,这时候不妨带它去找专业的宠物美容师。如果猫咪身上的毛打结得厉害,也可以找宠物美容师帮忙,帮它剪个"狮子头",也就是把全身的毛通通剃掉,只留下足部、尾巴末端、头和脖子周围的毛,跟贵宾犬的造型差不多。对猫来说,把纠缠的毛全部剃掉,感觉可能就像人类做完美容一样清爽。

肢体语言

理 毛

"魔镜啊魔镜,世界上谁最美丽?"这个问题如果问猫,就很难回答了,你看它们那精致的面孔和漂亮的毛皮,每一只都可爱极了,而且,猫总是把自己打理得漂漂亮亮、无懈可击。

猫用舌头梳理和清洁自己的毛皮。猫的舌头就像一把小梳子,上面布满倒刺一般的乳突结构。舌头从毛上面舔过去,倒刺就会把打结的毛梳开,同时跳蚤和脱落的毛也会被刮下来。麻烦的一点是,这时猫没有别的办法,只能将刮下来的东西吞下肚,毛发和杂物在猫的胃里累积成毛球,再通过消化系统排出体外。这个过程没有问题,但有时也可能会产生新的问题。

那就是猫可能随处呕吐毛球,比如吐在客厅地毯上,这往往给主人增添不少麻烦。像波斯猫或喜马拉雅猫这类长毛猫,情况就会更糟,除非主人每天帮它们梳毛,否则不管它们自己多么勤于理毛,身上的毛还是会打结,也就会不断地吐毛球。

因此,有些主人定期送这些娇贵的猫去宠物美容院,在那里,它们只需要舒舒服服地躺着,理毛的烦人差事就交给宠物美容师了。不过别担心,大多数家猫都不需要这样,只要能够坐在你的大腿上,对它们来说就是最高级的享受了。

在一些宠物美容院,猫可以享受到的待遇包括品尝猫薄荷茶、热敷、面部护理,还可以剪个时尚的新"发型"。

肢体语言

舔舐

有一句英文谚语是这么说的:"你帮我抓背,我就帮你抓背。"用来表示人与人之间互通有无的互助关系,即你帮我我就帮你,相互帮助。这句谚语里的"抓"换成"舔",用来形容猫的习性也十分贴切。

母猫总是喜欢舔它的小猫,这样做是为了保持小猫的清洁,小猫也很喜欢被妈妈舔舐的感觉!粗糙的舌头刮在毛皮上感觉好舒服,还有安抚的作用,让小猫很有安全感。当成年猫受到惊吓或感觉不安时,也会舔舐自己来安定情绪。舔舐可以帮助猫减轻压力,这和人类在焦虑的时候会不断查看手机一样。舔舐让处于焦虑状态的猫有事可做,同时能降低体温,减缓心率。

除了舔自己,成年猫偶尔也互相舔舐,它们要么是有血缘关系,要么就是很要好的朋友,彼此不和或陌生的猫之间绝不可能这么做。互相舔舐的时候,两只猫会轮流帮对方舔耳朵后面,或其他它自己很难舔到的身体部位,更重要的是,它们这么做是为了增进感情,使彼此的关系更加密切。

舔舐也有助于猫跟人类建立感情。很多专家认为,猫把抚摸当作某种形式的舔舐,所以当猫咪舔你的时候,它有可能是在回敬你的抚摸,但也有可能是为刚刚对你不理不睬而道歉。不管是因为什么,总之舔舐都是在表达善意——尽管那刺刺的舌头不一定让你很舒服。

猫醒着的时候,至少有**三分之一**的时间都在理毛。

高地折耳猫

英国短毛猫

好舒服啊!再往右边一点,谢谢。

加里博士的叮咛

有些猫会不停地舔毛,导致皮肤上左一块、右一块斑秃或者发炎,兽医把这种现象称为精神性脱毛症。这是一种强迫行为,就像人类会咬指甲一样,往往是由焦虑和压力造成的。

消除压力源头是治疗这种病症的最好方法,而猫的压力来源,十有八九是其他猫!解决办法就是让每一只猫都有自己独处的空间。如果猫咪已经极度焦虑而你没有办法给它一个专属空间,可以考虑给它服用抗焦虑的药物。

肢体语言

打 滚

停下来,扑通倒下,然后开始打滚儿——这是霍布斯向主人一家人打招呼的方式。霍布斯是一只从街头被救回来的黑灰杂色小猫,它每次看到家人就会跑上前去,在他们脚边倒下,然后开始打滚。这个可爱的举动,表示猫咪想要跟你互动,想让你一把抱起它,搂在怀里。

猫想要跟同伴玩耍的时候,也会有这样的举动。狗示意一起玩的方式是把前脚肘部贴到地面,臀部翘得高高的。猫则是把肚皮翻上来,另一只猫看到这个信号之后,就会用后脚站立,然后两只猫扑到一块儿,一起扭打翻滚,玩得不亦乐乎。

但要注意的是,猫打滚和狗露肚皮很不一样,狗喜欢别人摸它的肚皮,猫却不是这样。猫把肚皮露给你看,代表它觉得很安全,也就是它完全信任你。但如果你去摸它的肚皮,就违背了它对你的信任,它很有可能会出于防卫,用四肢把你的手揽住,然后抓得你伤痕累累。看到猫咪向你露肚皮的时候,最好不要动手去摸,看着它,跟它说说话就可以了。

猫咪有 **40%** 是右撇子,
20% 是左撇子,
还有 **40%**
是两只爪子并用。

缅甸猫

肢体语言

摩擦鼻子

人类会以握手、互亲脸颊等方式打招呼,猫咪则是互相蹭鼻子。有时候,猫也想用这种方式和我们打招呼,但因为它们个子矮,够不到我们的鼻子,这时就会后脚站立,试图靠我们更近一点。领会了意图的主人就会把猫抱起来,或者蹲下身去跟猫咪面对面。

蹭完鼻子之后,猫接下来的动作和狗一样,会轮流嗅闻彼此的臀部,还好它们并不想跟我们也来这一套!不过这些动作不只是打招呼这么简单,还有更深层的意义。互相轻轻地蹭鼻子不仅让猫感觉很舒服,还能传递气味,让彼此了解关于对方的重要信息。猫凭借气味来辨认朋友和家人,而且它们喜欢自己的室友和住处有着同样的味道,这些气味就叫作"家的味道"。

许多猫都会蹭蹭并闻闻主人、家具和其他猫,每天乐此不疲,就是为了维持这种家的味道。并不是所有人它们都会去蹭蹭,猫蹭鼻子的对象只包括它熟悉和喜爱的动物或人——比如你!

埃里克是一只养在马房里的猫,它每天都要爬到畜栏上跟好朋友托佩尔(一只夸特马)蹭鼻子。

肢体语言

睡美人

梦乡中的小美人，这句话形容猫咪再贴切不过了，随处可见它们蜷成一团呼呼大睡的样子。纸箱里、沙发背后，甚至电脑键盘上，到处都可能成为它们的床。猫喜欢找高一点的、温暖舒适的地方打盹。不过安全还是第一考量，例如有一只长毛流浪猫，就总爱睡在堆得高高的但崎岖不平的木柴上。不过不管选择睡在什么地方，猫的睡态看起来都是那么舒服，让人不忍心去打扰它们甜甜的梦。

猫感到完全放心的时候，就会闭上眼睛，放松耳朵，卷起前爪。向上翻转的前爪表示它感到很安全，不需要随时准备逃跑。

健康的成年猫是动物界的睡美人，平时每天有三分之二的时间都在睡觉，一天最多可以睡18个小时。有些科学家认为猫之所以需要睡这么长时间，是因为猫的猎食方式使它在极短的时间内消耗大量能量。但这种说法并不确定。

可以确定的是，猫的睡眠由很多个小盹组成；百无聊赖的猫比那些喜欢玩耍和与人互动的猫睡得多；还有，猫可能也会做梦。研究发现，猫的睡眠有两个阶段：深度睡眠和浅度睡眠，这和人类是一样的，而且它们的脑电波变化也和我们类似。猫睡着的时候，眼睛和胡须常常会抽动，你是不是也想知道，它们会梦见什么呢？

研究发现，当人类**爱抚猫**或者只是看着猫睡觉的样子，就足以让血压降下来。

猫语解谜

这只猫在说什么?

情境

奥利维娅是一只长着漂亮脸蛋、活泼外向的黑白猫,它虽然看起来并不像小偷,却经常偷邻居的东西。这一切开始于2009年的某一天,那天,奥利维娅嘴里衔着个东西快步跑回主人家的院子里,那是一个折叠起来的小工具包,里面有扳手、钳子,还有一把螺丝刀。

很快,主人安妮·魏策尔在门口的台阶上发现不知哪儿来的园艺手套,连续三个月里,每天都有各式各样的手套出现,有些甚至还没剪掉价格标签。奥利维娅的偷窃闹剧就这样持续了好几年,它偷过的东西从毛绒玩具、卷筒卫生纸、圣诞装饰品,到女人的胸罩、小孩的拖鞋,林林总总超过了700件!有一次,它拖了一只又大又重的男鞋回来,几个小时之后,它把另外一只也拖回来了。

专家你来当

这是怎么回事?这只猫到底在想什么?它为什么会铤而走险、变成惯偷?

猫喜欢捕猎,这是它们的本能,所以把东西"捕"回来完全是自然行为,奇怪的地方在于奥利维娅所选择的猎物。通常看到会动的东西,猫的捕猎本能会被激发出来,但奥利维娅所相中的"猎物"却是"死"的、不活动的。

它的动机并非你想的"偷窃",而是选择了一种万全的捕猎方法。捕猎是有风险的,捉鸟时猫的眼睛可能

会被啄伤，抓老鼠时猫的耳朵或脸可能会被咬伤，但"捕猎"凉鞋和手套则很安全，因为它们不会反击。反正奥利维娅不需要靠捕猎去填饱肚子，通过这种方式的捕猎，它可以享受等待、跟踪、扑击和抓住猎物时的刺激感，却又无须动手杀死猎物——这无疑安全多了。

禁足、严惩，还是感化？

奥利维娅住在美国康涅狄格州的米尔福德小镇，它的偷窃行为很快就在镇上传开了，但它的行为与其说是偷窃，不如说是炫耀。奥利维娅表现得像个优秀的猎手，每天都有"战利品"带回来送给主人安妮。安妮的回应是把它抱起来，夸奖它是一只很棒的猫，然后把"战利品"丢进洗衣机，洗干净后再放到她特意准备的失物招领箱，供邻居们来寻回失物。

想阻止奥利维娅不再偷邻居的东西，安妮唯一能做的是天黑后把它关起来，然而这样做很可能让奥利维娅产生严重的焦虑，进而引起其他问题。因为"偷窃行为"把奥利维娅囚禁起来，这样的惩罚有点过重了。事实上，安妮大概宁愿它带回来的是这些没有生命的赃物，而不是什么死老鼠或者残缺的小动物尸体，换作你也会这样想，对吧？

训猫秘籍

训练击掌，教出懂事的猫

先教会猫咪这招，之后训练起来就会简单多了。

去宠物店买一组便宜又好用的响片训练器。训练猫要比训练狗困难，因为猫不会刻意讨好人类，这时候就需要响片帮忙了。

在喂食之前，也就是猫肚子饿的时候进行训练。准备一些肉类熟食或金枪鱼罐头之类的食物当奖赏。

把猫咪带到一个安静的房间，和它一起坐在地板上。一只手拿着响片，另一只手拿起一小块肉。

将肉块凑到猫咪的面前轻轻摆动来引诱它，在它的前爪第二次扫过来想要夺取肉块时，按下响片并将肉块给它。时机一定要抓得准，这样猫咪才会把响片的声音和获得食物奖赏这两件事联系在一起。

每天练习十分钟，不久之后，只要你按一下响片，即使没有食物奖赏，猫咪也会伸出肉爪来和你击掌了。

波斯猫

读懂我的表情

造物者赋予了猫擅长捕猎的本能，让它们拥有了敏锐的听觉、绝佳的视力、巨大的脑袋、有力的嘴巴及尖利的牙齿。家猫本来都长得差不多，后来人类纯粹为了观赏，开始培育不同品种的猫。如今有各种各样的宠物猫，短毛猫通常是大头、长方形脸、两只耳朵间距很大；长毛猫的脸则又圆又扁，鼻子塌陷，例如波斯猫。100 年前，暹罗猫长着一张圆脸，现在不是这样了，它的脸变成了倒三角形，下巴尖尖的。

脸形是尖还是圆其实不重要，重要的是猫的面部表情——更确切地说，是它们"面无表情"的表情。猫就好像扑克玩家，善于把心思和情绪隐藏起来，这是因为在野外公猫大多独自生活，为了食物和配偶，它们必须彼此竞争，如果从表情就可以看出一只猫在想什么，那么这只猫很容易就会被对手打败。因此，猫必须刻意摆出高深莫测的样子，有时我们只能通过观察它抖耳朵、眨眼睛，才能窥探它的心情，而且你必须观察入微，才会看到这些线索。

加里博士的叮咛

猫的眼睛能在黑暗中发光,在夜里看起来阴森森的。由于猫在微弱的光线中捕猎时需要极佳的视力,因此它的眼球最内层的视网膜后方演化出一层叫作"脉络膜反光毯"的额外组织,别名叫"明毯"。明毯就像一面镜子,光线第一次通过视网膜时,如果没有被吸收,明毯就会将光反射回视网膜上,由此大大增强了猫的夜视力,不过也因此导致猫的眼睛在黑夜中发光,毁掉了不少原本很棒的宠物照片。

> 放心,我不会把你的秘密说出去的。

读懂我的表情

缓缓眨眼

猫的眼睛是通往它内心的一扇窗户,只要观察它的眼神,就能大概判断出它在想什么。话虽如此,眼神中传达的信号其实并不明显,所以你必须懂得怎样去看。

其中一个甜蜜醉人但也容易被忽视的信号,就是缓缓眨眼。没错,当猫对着你眨眼,不管是眨一只眼还是两只眼一起眨,都是有特殊意义的。在两个人类之间,眨眼是好感的表达,可以表示爱意,也可以表示团结,代表两人在分享共同的目标或是某个开心的秘密。

猫缓缓眨眼也有相似的意思,表示你让它感到放松、亲切,它喜欢跟你在一起。就算它眨完眼就把头扭开,也并不是在拒绝你。相反,这表示它在你面前感到很安全、自在,可以完全放下戒备。眨眼可以说是猫的亲吻!

你可以自己验证看看,下次当你和爱猫在一起消磨时光,趁它看着你的时候对它眨一下眼,幸运的话,它或许会回"亲"你一下呢!

不管什么品种的猫,刚出生时眼睛都是蓝色的。眼睛的真正色泽要等猫大约 12 周大的时候才会显现出来。

读懂我的表情

睁大双眼

水汪汪的大眼睛令人倾倒,科学家也说,人类天生就会被有一双大眼睛的脸蛋所吸引。正因如此,当我们看到婴儿或者猫咪时,心就会融化。相对于猫的小小头颅,它的眼睛显得非常大,几乎和人类的不相上下。猫的眼睛进化主要是为了适应捕猎,构造和我们的眼睛非常不同,例如猫的色觉很差,在猫眼中,大部分颜色都是褪色的样子,而且它完全看不到红色和橙色。

更重要的一点是猫眼睛的对焦能力不佳,可能是因为猫的眼球晶状体工作原理不一样,也可能是因为眼睛太大,所以对焦起来很困难。不管怎样,猫眼中的世界可以说是一片朦胧。

但有一个例外,那就是当有东西移动到它能够"一扑就中"的距离以内时,比如看到一只老鼠溜过去或一只知更鸟跳起来,猫原本放松的眼神马上就会聚焦。猫的周边视觉非常好,即使这些小动物没有出现在猫的正前方,只要侧面有任何一点动静,猫不必转头也能够觉察到。

总而言之,当猫咪睁大双眼,就表示它正被某样东西吸引。如果你刚好正在摆弄手指或脚趾,小心,吸引它的目标很可能就是你!

猫的眼睛有三种形状:杏眼、圆眼、椭圆眼。

读懂我的表情

瞳孔缩成一条线

猫戴太阳镜吗？这种可能性很小，因为猫根本不需要它们。确实，猫的眼睛对光非常敏感。它们必须在黑夜中看得非常清楚，否则天黑之后它们就无法捕猎。秘密就在它们的瞳孔上，猫的瞳孔会随着光线变化自动调整。瞳孔是眼珠中心的黑色圆孔，光线由这里进入眼球。和人类一样，猫的瞳孔也会随着光线转暗而变大，就好像拉开窗帘一样。

在白天的阳光下，猫的瞳孔会变小，如果太阳特别刺眼，它们的瞳孔会缩成一条竖线，就好像关上了窗帘。

找一个晚上，把猫咪带到一个有点暗的房间里，在灯旁边坐下，让猫坐在你的大腿上。然后打开灯，仔细观察猫咪眼睛的变化，它的瞳孔会缩成一条像纽扣眼那么窄的直线。要是它不这么做，强光就会损害它的视力。当你把灯关掉，它的瞳孔也会跟着放大，说不定能有硬币那么大。

了解这些对你有什么帮助呢？从猫的瞳孔大小，你可以看出它心中在想什么，如果在光线很强的环境下，它的瞳孔仍然很大，就要小心了，要么它在生气，要么就是正准备扑向猎物！

在黑夜里，猫的视力要比人好上六倍。

读懂我的表情

眼皮下垂

"宝宝睡，快快睡，窗外天已黑。"一只猫躺在那里，眼睛半闭着，这表示它快进入梦乡了吗？那可不一定，有可能只是因为它受不了刺眼的光线。猫的眼睛很容易受损，因此进化出了好几层防护措施。第一层是一种自动反应，在明亮的光线下，猫原本又圆又黑的瞳孔会马上缩成一条细线。如果这样还不够的话，它会把上眼皮垂下来、下眼皮抬上去，只留下一条缝看东西。

除了这两重防护，造物者还给了猫"第三眼睑"，又叫瞬膜，很多人不知道它的存在。那是一层粉红色的薄膜，只有在暹罗猫、缅甸猫、东奇尼猫，或者生病的猫身上才会显露出来，一般情况下隐藏在猫的眼角里。瞬膜是一件秘密武器，假如猫捕猎时有尖树枝等不小心进入眼睛，瞬膜会像汽车挡风玻璃上的雨刷，在眼球上扫一扫，把眼睛里的异物扫掉。

所以，当你下次看到猫咪一副睡眼惺忪的模样时，千万别以为它一定是在打瞌睡，很有可能它只是在休息眼睛而已。

猫都是近视眼。人能看清楚的距离范围，在猫眼中却是一片模糊。

拜托,谁能帮忙关掉那盏灯?

加里博士的叮咛

猫和人一样,视力会随着年龄增大而退化,不过退化的过程是缓慢、渐进的,不易察觉。如果你家里的猫上了年纪,请注意以下迹象:它的眼球晶状体开始变混浊或发白;跳跃时无法对准目标,比如它想从地面跳到书桌上,落脚时却没有踩准而跌回地面;拍打玩具老鼠却总是落空,因为玩具老鼠不会发出声音,老猫无法用听觉来弥补衰退的视觉。如果观察到这些变化,要把猫咪带到兽医那里看一下,但不必担心,大部分老猫都能适应这种变化。

读懂我的表情

你瞪我、我瞪你

你小时候一定玩过这样的瞪眼游戏：两个小朋友你瞪我、我瞪你，谁先眨眼就输了。你知道吗，猫也会这样，不过它们并不是在玩游戏，猫瞪起眼来可是相当严肃的。

猫捕猎的时候会全神贯注地瞪视着猎物。任何时候，只要它们想威胁或控制其他动物，就会施展瞪视的本领。当一只猫在自己的地盘上遇到一只狗，或者另一只它不喜欢或不认识的猫时，可能就会坐下来不客气地瞪着眼前的入侵者，这就像一种警告：要么投降，要么走开！

由此可见，瞪眼是猫的一种很不礼貌且带有威胁意味的行为，所以没事的话最好不要一直看着猫的眼睛，尤其碰到生性胆小的猫更要注意。有人甚至建议，戴眼镜的人最好把眼镜先摘下来，以免猫觉得你的眼睛瞪得又圆又大，可怕极了。

只要记住这一点：你不瞪猫，也许猫就不会瞪你，大家皆大欢喜。

小家伙，给我注意一点！要是你敢轻举妄动……

有一只名叫**维纳斯**的
玳瑁猫
很不寻常,
它的**两只眼睛**
颜色不同,
一只是绿色的,
一只是蓝色的。

读懂我的表情

耳朵平贴

猫耳朵平贴的时候,就要小心了!受到惊吓或即将打起来的猫,都会把耳朵往后平贴着头部,有时候,平贴的耳朵与头部的毛融为一体,根本分不出来;有时候则像脑袋两边伸出小小的飞机翅膀。这是猫咪的自我防卫策略,因为猫打起架来十分凶狠,不管赢家输家,耳朵都很有可能被对手抓伤或咬伤。

有一种猫非常特别,那就是苏格兰折耳猫,不管它多么惊慌,耳朵都没有办法平贴,因为它的耳朵本来就是平着长的!第一只拥有这种特征的猫,是1961年出生在苏格兰的一只谷仓猫,如今这个品种主要在美国繁殖。

苏格兰折耳猫刚出生的时候,耳朵也是正常的直立尖耳,只是两周到四周之后,它们的耳朵就像枯萎的花朵一样弯下来,到三个月大的时候,折耳猫的耳朵已经变得小小的并贴近头部,看起来就像一只小猫头鹰。

有些人拒绝繁殖苏格兰折耳猫,因为平贴的耳朵会盖住耳道,使听力大受影响。这也是为什么受到惊吓或正在打架的猫不会一直保持耳朵平贴,只要暂时没有防卫的需要,它就会直立起双耳,以免漏听什么重要信息。

> 我警告你,别再过来了!

加里博士的叮咛

猫耳聋通常是年老所致或者是天生的缺陷。蓝眼睛的纯白猫几乎都听不见,而且没有办法治疗,主人能做的就是在生活中给它们提供更多的便利。由于耳聋的猫听不见你走近它,很容易受到惊吓,因此尽量不要从后面靠近它,也不要在它睡着时碰它。有些主人训练耳聋猫咪的办法是,让它顺着手电筒的光束走到主人身边。你应该经常检查爱猫的耳朵,正常的猫耳朵是干净的粉红色,如果发红或有分泌物,就应该带它去看兽医。

有些人对猫怀有莫名的恐惧,这叫作"恐猫症"。

读懂我的表情

抽动耳朵

眨眼、抖脚，有些人一感到不安就会出现神经质的抽动，猫也会这样！不安的猫会抽动耳朵，有可能是附近新来了一只猫，而它们彼此合不来；也可能是主人刚刚搬家，它被迫转移领地。

使猫抽动耳朵的压力来源不一定很剧烈或持续很久，只要一个不熟悉的声音，就足以让它的耳朵抽动起来。猫的听力比人好得多，人类只能听到2万赫兹以下频率的声音，狗比人强一些，能听到4万赫兹以下的声音，但猫的耳朵要厉害得多！它能听到的最高频率是6万赫兹，我们把这种频率的声音叫作"超声波"，因为那是我们所听不到的。

因此猫能清楚听到老鼠吱吱叫，以及那些我们只能想象的高频率声音。即使在睡梦中，猫只要听到疑似危险的声音，就会抽动耳朵，这时它必须做出判断，这个声音是否真的带有危险信号，自己是应该爬起来跑开，还是继续呼呼大睡。不论谁在睡觉时面对这样的抉择，都免不了会焦躁不安。

这时候可以用轻柔的低语来安抚它，但如果它的耳朵仍继续抽动，甚至向后贴平，它可能已经开始生气，你最好暂时走开，可别成了它的出气筒。可以过一会儿，等它平静下来再过来看它。

科学家认为猫对女性的反应会更敏感一些，因为女性的声调比男性高。

读懂我的表情

耳朵转向两旁

当你看到猫耳朵开口转向后方或旁边时,请记得这句话——麻烦来了!猫生气的时候会转动耳朵,向对手示意"要打架就放马过来"。当然,结果不见得真会打起来,往往最后有一方打退堂鼓,一溜烟跑走。

假设猫咪生气的对象是你,或许它一开始还享受你的抚摩,可是现在不想被你摸了,它会眯起眼睛、转动耳朵来告诉你这一点。只要你留神观察,明白这些动作的意义,就能避开被抓或被咬的风险。

猫转动耳朵并不总是代表心情不好,当听到奇怪的声音时,它也会转动耳朵以寻找声音来源。必要的话,猫还能把两只耳朵分别转向不同方向,仔细分析一番之后,一边聆听一边去寻找声音的来源,就好像体内安装了永无故障的全球定位系统,难怪天黑了,猫依然能轻易捕捉到在草丛里奔窜的老鼠。

猫听得见我们在呼唤它,也认得出我们的声音,如果它不过来,那只是它不想搭理我们罢了。

读懂我的表情

胡须伸向旁边

胡须几乎是所有猫科动物的共同特征，从老虎、山猫、花豹，到你家的宠物猫，脸上都有须，这让它们看上去格外优雅。猫须是毛发的一种，只是又粗又硬，比人的头发要粗上一倍。大部分家猫的鼻子两边各有四排胡须，胡须根部扎得很深，约是一般毛发的三倍，而这个深度布满了血管和神经末梢。

但猫须绝不只是为了好看而已，它不但能帮猫开路，让猫准确命中猎物，还能透露猫的心情。猫须可以转向四面八方，就像耳朵一样，而且上两排和下两排可以分别转向不同方向。当猫感到开心、平静或友善的时候，胡须会向两旁伸展成一个优雅、放松的扇形；它在黑暗中走路时胡须也会这样摆放。

猫须还有更重要的用途。猫须超级敏感，连空气碰到物体所产生的微小气流都能感受得到。胡须碰到障碍物时会弯曲并将信息直接传递到大脑，形成了灵敏的预警系统。有了猫须和夜视力，猫咪就可以轻松地探索那些黑暗曲折的地下洞穴，一点都不用担心会撞上障碍物。

斯芬克斯猫全身无毛，脸上也没有须。

斯芬克斯猫

> 我警告你，这里可是我的地盘。

加里博士的叮咛

许多猫对饲料碗的形状十分挑剔，不喜欢进食的时候脸上超级敏感的胡须碰到碗边。要让猫咪心情愉悦，最好用边缘不会碰到它胡须的器皿当作它们的餐具，盘子就可以，大多数猫都可以接受。

读懂我的表情

胡须伸向后

糟了,你的猫把胡须向后压,几乎就要贴到脸上了,这是准备攻击或内心恐惧的迹象。要是猫咪在你的怀中出现这种表情,一定是有什么事情让它感到害怕,也许它听到了一个奇怪的声响,也许有另一只猫刚刚走进来,不管是什么原因,这时它最想做的就是逃走。你就让它去吧!

母猫和已结扎的公猫碰到其他猫时,通常是井水不犯河水,没有结扎的公猫就不是这样了。

现在,养猫的人一般都知道要把宠物送去结扎,因此没有结扎的公猫大多都是野猫或者流浪猫。野猫在野外出生长大,从来没有和人类接触过;流浪猫则可能曾经被人饲养,但因为走失或者被弃养而在外面流浪。不管是野猫、流浪猫,还是经常在外面活动的宠物猫,只要是没有结扎的公猫,都会划定范围广大的地盘,它们的地盘有母猫地盘的十倍大。为了保护自己的领地,没有结扎的公猫会把其他公猫视为敌人,而不是朋友。

这样,当两只没有结扎的公猫彼此相遇,难免就会大打出手、鸡飞狗跳。此时将鼻子两边的须往后贴,可以保护胡须不会在混乱中受损。

波斯猫的脸实在太扁平了,脸上的须完全动不了。

波斯猫

哇!
这个感觉
一定很不错!

加里博士的叮咛

　　猫的品种不同,猫须长度也不尽相同;即使同一品种的猫,不同的个体猫须长度也不尽相同。缅因库恩猫的胡须又粗又长,大概是为了配合它那巨大的体型;美国刚毛猫的须跟身上的毛一样,短而卷曲。传说猫要通过狭缝时,只要胡须过得去,身体就一定过得去,但这个说法并不准确。猫被卡在狭缝里的事经常发生,小猫尤其常见,还有些成年猫体型过于肥胖,它们的胡须可不会随着胃口增大而跟着变长。

读懂我的表情

胡须伸向前

不用怀疑,这只猫一定很激动,它有可能在生气,也有可能在追逐什么东西。你看它全身绷紧、身体压得低低的、胡须也指向前方就知道了。在黑暗中寻找猎物的猫会把胡须往前伸,前进时用胡须把前面的空间先扫一遍,防止撞上障碍物,这样它就可以无声地前进,悄悄溜到鸟儿或老鼠后面,再猛地扑上前施以致命一击。

猫须也像一部手持金属探测器,只不过不是在找金属,而是在找老鼠时发出警报。猫须非常敏感,能够感受到老鼠在草丛中奔窜时产生的极细微震动,这样猫咪马上就能知晓老鼠的位置。

当猫须碰到老鼠时,胡须的感受器就会把信息传递给大脑:立即扑上去!如果一切顺利,猫会施以致命一击,一口把老鼠咬死,然后再慢慢享用它的猎物。可是有时候一口没有咬准,猎物还活着,这时猫就会面临十分不利的局面:它口中衔着一只活生生的老鼠,那只老鼠很有可能反过来攻击它,对它造成严重的伤害。这时候猫须又派上用场了,猫会卷起胡须包住猎物,就像我们用手掌握住一颗球那样,只要老鼠一有动静,胡须就会感应到,并且将信息传递给大脑,刺激猫咪重新发动攻击。

刚出生的小猫既听不见也看不见,但胡须上的感受器已经开始运作了。

猫语解谜

这只猫在说什么？

情境

故事发生在美国佛罗里达州南部，十七岁的失明老猫萨布里纳走失了，它的主人玛丽亚·埃琳娜·科洛梅尔心急如焚，每天都开着车子在社区附近寻找，已经找了快一个月。有一天，科洛梅尔见到正在喂流浪猫的埃达·埃尔南德斯，于是问她有没有看到她走失的爱猫。埃尔南德斯没有看到过萨布里纳，但她记住了这个开着银色轿车、哭得十分伤心的女子。

几个星期后，一名少女发现一只瘦骨嶙峋的失明老猫在街上游荡，就报了警，警察把老猫送到了奥尔顿路动物医院。而与此同时，说西班牙语的埃尔南德斯正与一位说英语的奥尔顿路动物医院义工一起合作，把拯救的流浪猫送回医院照顾。虽然两人之间有语言障碍，但没有妨碍她们对流浪猫名录的检查。当那位义工提到动物医院里新来了一只失明的老猫时，埃尔南德斯精神一振。这一定就是那位伤心的女士走失的猫！

这时距离萨布里纳走失已经四个月了。动物医院的义工马上通知警察，动物事务警官开始在社区里搜寻，最后通过那辆银色轿车找到了猫主人科洛梅尔。多亏了社区里的各位爱猫人士，萨布里纳才能安全回到家。

专家你来当

失明的猫适合当宠物吗？它们有可能过上幸福的生活吗？你认为萨布里纳是如何独自生活那么久的？

谁都不希望猫的眼睛失明，这的确是件憾事，但失明的猫依然可以成为很好的宠物，它们的其他感官可以在很大程度上弥补失明的缺憾，比如胡须、敏锐的听觉和绝佳的嗅觉。走失之后的萨布里纳，凭着嗅觉可以找到水喝，但年老体衰的它无法自己猎食，它能够活下来应该是有好心人拿食物喂它。

如何帮助失明猫

为了保证安全，双眼失明的猫应该养在室内，切勿让它外出。

它们最需要的是熟悉感,所以饲料碗和猫砂箱必须放在固定的地方,不要随意变换家具的位置。除此之外,正常地生活即可,失明猫会自己适应。

话虽如此,也不能只是把它关在家里,让它了无生趣地过日子。失明猫也需要通过玩游戏来锻炼身体,保持头脑反应敏捷。可以避开那些完全依赖视觉的游戏,例如追逐绳子或激光点,其实追逐激光点的游戏连视力健全的猫都会有挫折感!失明的猫喜欢玩压下去会吱吱响的玩具、啃青草,如果它对猫薄荷敏感的话让它在猫薄荷丛中打滚,还可以玩猫爬架、猫抓板。最重要的是,好好享受它的陪伴,它也会享受跟你在一起的生活。

训猫秘籍

过来过来,小猫咪
让猫咪一叫就来

猫的听力比我们强五倍,因此只要听到开猫罐或者干粮倒到碗里的声音,不用你叫它可能早就已经过来了。这里要训练的是让它听到你的叫唤就马上过来。

 猫是肉食动物,可以准备一些吃剩的火腿或鸡肉,带着响片和肚子已经饿得咕咕叫的爱猫,走进一个安静的房间。

 一只手握着响片,另一只手拿起肉块,凑到猫的鼻尖下轻轻摆动,然后张开手掌把肉送到它面前,在它的鼻尖碰到肉块的一刹那按下响片,并让它吃下肉块。记住,按下响片的时间点决定一切,必须在它做出你想要的行为的那一瞬间按下响片。

 重复上面的步骤,但每次时间拖延一点点,同时喊猫咪的名字并加上"过来"两个字。同样地,每当它的鼻尖碰到食物即按下响片,并让它把肉块吃下。

 连续一周每天都这样喂猫咪,不久之后,只要一叫它,它马上就会跑到你跟前了。

阿比西尼亚猫

泄露心思的尾巴

猫原本是独居动物,在上千万年的时间里,它们都是独自在野地里打猎,为了觅食互相竞争,从不需要彼此"交谈"。直到大约1万年前,情况有了转变,那时人类放弃了狩猎采集的生活方式,开始种植谷物。贮存谷物的粮仓引来老鼠,而老鼠则引来了猫。渐渐地,许多猫聚集在同一个地方,为了能够和平相处,这些独行侠需要彼此沟通,但一开始大家都不知道该怎么做!

从那时起,猫不断地培养沟通技巧。它们演变出许多向同类以及人类透露想法和情绪的信号,其中有不少信号都是用尾巴来表达的。

猫的尾巴上一共有28根骨头,占脊椎总长的三分之一。猫尾巴原本的功能是帮助猫在跳跃、急转弯或在细枝上穿行时保持平衡。

如今,猫尾巴也是反映情绪的晴雨表。如果不想误解爱猫的心情,主人最好能够了解尾巴的不同状态所代表的含义。

泄露心思的尾巴

蓬起尾巴毛

猫碰到不怀好意的狗或者敌对的猫时，会怎么做呢？如果它转身就跑，对方一定会追上来；要是它展开防卫，又可能会陷入一场残酷的打斗之中。比较安全的解决方法是守住阵地，设法把敌人吓跑，但这要怎么做呢？这时本能开始发挥作用，惊恐的猫咪体内肾上腺素飙升，使全身的毛竖起来，尾巴也膨胀成瓶刷的模样，同时往后伸直。这个姿势其实只是虚张声势，如果是小猫的话，这个样子只会让人觉得可爱，根本吓不了人。不过所有的猫都会这么做，希望让自己看起来巨大而可怕……幸运的话，敌人可能真的会被吓跑。

猫要面对的危险不只是来自不怀好意的狗和敌对的猫。在很多地方，包括像纽约这样的美国大城市的某些地区，如布鲁克林区，郊狼已对猫构成严重威胁。2009 年，一项针对美国亚利桑那州图森市所做的调查显示，郊狼经常猎食猫，包括野猫和宠物猫，猫已成为郊狼 42% 的食物来源。这项调查结果应该不会让佛罗里达州坦帕市的市民感到意外，2013 年 10 月的某个晚上，这里曾发生过一件惨案，两头郊狼抓住一只宠物猫，其中一只咬住猫的颈部，另一只咬住它的尾巴，把那只猫甩来甩去。这时一只名叫杰克的比特斗牛犬跑来阻止，吓退了两头郊狼，及时救了猫儿。那只猫断了一颗牙齿，脑部肿胀，不过最后活了下来，这真要感谢它那忠诚的犬类朋友。

澳大利亚悉尼市对猫实施宵禁令，规定宠物猫从傍晚到黎明之前的这段时间必须待在室内，以保护环尾袋貂以及其他原生物种。

不要惹我！我的块头比你大。

泄露心思的尾巴

尾巴左右摇摆

或许你会以为尾巴左右摇摆是猫在表示友好，其实不是！猫和狗一样，不同的摇尾方式代表不同的意义，但猫的摇尾特别容易令人混淆，因为猫的沟通信号没有狗进化得好，所以要解读猫摇尾的意义就比较困难。

就连专家的意见都很不一致，一种说法是猫生气的时候会缓慢地摇尾巴，另一种说法认为猫缓慢摆动尾巴表示可能是老鼠、玩具或别的猫吸引了它的注意，还有一种说法认为尾巴左右摇摆显示它正在犹豫不决。假设你的猫要你放它出门，你帮它开了门，它却只是站在原地摇尾巴。这也许会让人恼火，不过它可能是因为闻到了隔壁猫的气味，或者是听见外面有狗在叫，犹豫现在出去会不会太危险。在它下定决心之前，尾巴会一直摇下去。

这时候你该怎么做？首先，花点时间观察猫咪，把它当成一个个体来了解。每只猫都有自己的个性和行为模式。然后仔细观察它的全身，包括眼睛、耳朵、身体、胡须和尾巴，综合你获得的信息，你就能知道它在想什么了。

不过，还是要多加小心，如果你摸猫咪时，它开始摇起尾巴，你最好赶快停手，否则它很可能用猫爪阻挠你！

古希腊历史学家**希罗多德**把猫称作"ailuroi"，意即"摇尾巴者"。

出去
还是不出去?
这是
一个问题。

加里博士的叮咛

跟狗一样,猫的尾巴道尽了它们的喜怒哀乐。可是猫尾巴和狗尾巴表达的是两种全然不同的语言,如果狗把尾巴竖起来,表示它有所警戒,或者可能正在生气;猫却是感到亲切友好时才会竖起尾巴。狗高兴的时候,会大幅度地摇晃尾巴,而猛摇尾巴的猫,却有可能是心里不高兴。这样的例子还有很多,难怪猫狗之间会彼此误解,如果我们不注意的话,恐怕也很容易误会它们。

泄露心思的尾巴

尾巴抽动

猫尾巴抽动时到底在想什么？它躺在那里明明看起来很舒服，但尾巴末端却像老式时钟的钟摆一样摆来摆去。答案是它有点不自在，可能对某件事感到好奇、气恼或者不满，不管是什么，这样的情绪使它保持警觉，但又没有强烈到让它决定爬起来采取行动……至少暂时还没有。

不过，如果是整条尾巴都在抽动，就要注意它的脸部表情了。要是它耳朵往后压、眼睛瞪得又大又圆、全身绷紧，就要小心了！它不是正在生气，就是准备扑向猎物。盯上猎物的猫，尾巴通常会变得僵硬，而且压得很低，尽管它们努力保持全身不动，但尾巴却禁不住抽动起来。如果你想观察这种准备猎食的抽动，可以拉着一条毛线在地板上拖动，在椅子下面进进出出，猫咪就会趴低身体，全身凝住不动，但尾巴却开始抽动。这种抽动来自于兴奋，可以释放因全身压抑不动而累积的能量。

猫的尾巴还会抖动，但抖动和抽动不一样，抖动的尾巴不会猛地一抽，而是不停地颤抖。不管公猫母猫，当它把臀部对着某样东西，然后举起尾巴开始抖动时，它不是在捕猎或感到好奇，而是准备喷尿！

多数猫捉到的老鼠比捉到的鸟多，原因之一是鸟从高处可以看到猫抽动的尾巴。

泄露心思的尾巴

用力甩尾巴

"啪嗒！啪嗒！唰！唰！"猫咪一边看着窗外，一边用力将尾巴拍打着窗台，或者急促地挥来挥去。如果是狗的话，这代表它很兴奋，但猫就不是了。

没错，用力拍打尾巴的猫情绪也很亢奋，但它的情绪是负面的，是一种夹杂着挫折和苦恼的亢奋。它可能是通过窗户玻璃看到了外面可望却不可即的鸟儿，又或者看到了某只猫擅自闯进了自己的地盘，正在外面走来走去。猫咪的尾巴挥得越迅速、耳朵向前倾得越厉害，就代表它越焦躁。

碰到这种情形，最好离这只猫远一点，不要想着去抱起它，如果它已经在你怀中，马上把它放下来。不管你的猫平常有多温驯可人，只要它无法把情绪发泄在使它生气或感到挫折的事物上，就有可能把气出在你身上。

马恩岛猫完全没有尾巴，不容易看出它有没有生气，还好这些毛发亮丽的小美人天生就特别沉静。

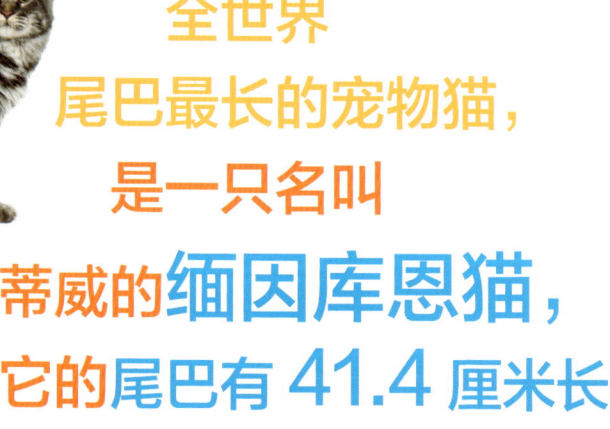

全世界尾巴最长的宠物猫，是一只名叫斯蒂威的缅因库恩猫，它的尾巴有 41.4 厘米长。

嗨，**我**很好相处的喔。

加里博士的叮咛

小小一只家猫，身上的骨头数量却比人类的都多。成年人身上有 206 块骨骼，猫的骨骼总数因脚趾和尾骨的数目而异，最多可达 245 块。猫的尾骨跟狗一样，也是脊椎的一部分，不同之处在于，猫的脊椎骨间距较大，这使得它的身体异常柔软灵活，但也造成了它的骨头特别容易错位。因此，千万别去拉扯包括猫在内的任何动物的尾巴，把猫抱起来的时候也切勿从尾巴下手。

泄露心思的尾巴

尾巴向上直竖

人类用握手来示好，猫则是竖起尾巴。如果猫咪竖着尾巴朝你走过来，表示它很高兴见到你，要是尾巴尖端有一点弯曲或者抽动，那就更棒了，它显然很喜欢你，想跟你撒娇或者蹭一蹭。

可是你知道吗，这个姿势是近期才进化出来的行为模式，家猫的祖先野猫并不会这样做。只有年幼的野猫在迎接妈妈的时候，才会把尾巴竖起来。

成年猫是从人类进入农耕时代后才出现这种行为的，这段时间里猫逐渐移居到人类群落附近，因为那里有很多老鼠。为了向同伴表达善意，有些猫会把尾巴竖起来，这个沟通信号经过一万年的演化，如今只要是猫都懂得用这种方式表达。

为了确认这个姿势所代表的意思，科学家约翰·布拉德肖用黑色纸剪出了几个跟真猫一样大的剪影，有的尾巴高举，有的尾巴平举，然后把剪纸贴在养猫的人家里。果然，被测试的猫会立即走上前去闻尾巴高举的猫剪纸，而对尾巴平举的剪纸却躲得远远的。

目前我们还无法确知，猫最初是为了彼此和平共处而发展出这种沟通信号，接着运用到人类身上，还是相反的顺序。不管怎样，这种沟通模式对猫和人都很有效，这一点真是太棒了！

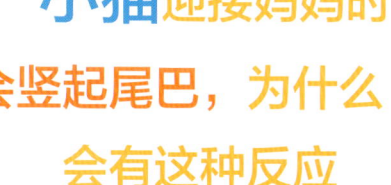

小猫迎接妈妈时会竖起尾巴，为什么会有这种反应至今仍是个**谜**。

东奇尼猫

泄露心思的尾巴

尾巴往上卷

小猫都喜欢嬉戏打闹，一会儿扑到对方身上咬来咬去，一会儿扭打翻滚，都只是为了好玩。小猫长得越大，玩起来就越粗野，偶尔会抓得太用力或咬得太重。这时冒犯到对方的那只猫脸上表情放松，是为了让对方知道它只是在玩，不是要打架。

但这招不总是奏效，有时候被抓或被咬的一方实在不想玩了，它表达"够了"的方式是把背弓起来、尾巴往上卷，再直直地弹到半空中。

生来就是"独生子"或太早被带离母亲身边的小猫，经常会玩得太过火。如果把这些猫放到其他小猫群中，其他小猫通常不愿意跟它们玩。造成这种现象的原因之一，可能是因为这些猫不懂得沟通，它们完全看不懂喊停的"暗号"。

这种可笑的暗号只有小猫用得到。成年猫偶尔会跟小猫玩，但绝不会跟其他成年猫玩，它们只跟玩具玩，所以成年猫想玩得多野蛮都没关系，因为没有谁会受伤。

小猫两周到八周大
这段期间，
主人**必须每**天把它抱起来抚摩，
否则它
一辈子都会野性难驯。

暹罗猫

猫咪**用尾巴缠绕**你的腿，是在向你表示亲昵。

新加坡猫

我们是最要好的朋友。

泄露心思的尾巴

尾巴缠绕在一起

你知道吗？家的气味对猫来说无比重要，它靠熟悉的气味认出家庭成员、伙伴以及生活物品。它们试图让每一样东西、每一个人都有同样的气味。

虽然我们闻不出来，但如果少了这种熟悉的"家的气味"，猫就会感到焦虑、缺乏安全感。这种气味对猫实在太重要了，它为了使家中各个角落随时保持这个味道，会频繁地用下巴、脸颊、嘴角、额头和尾巴上散发气味的腺体，去摩擦能接触到的每一样东西。

当猫看到拥有相同的"家的气味"的同伴时，会用一种特别的方式互相打招呼，它们会把尾巴竖起来缠绕在一起，然后彼此"牵着"一起走路。一些科学家认为，猫之所以这样做，是因为这样做让它们感觉很好，而如果两只猫彼此感觉不错，关系就会更亲密，在一起生活会更轻松，争执也会少很多。由于大多数猫都不擅长交朋友，因此这种行为对猫的相处真的很有帮助。

如果这些科学家正确的话，尾巴缠绕在一起应该就像我们跟好朋友手挽手一样，这让猫咪之间建立起更深厚的友谊，同时也向外界宣示彼此是最好的朋友。所以可以说尾巴缠绕在一起是猫与猫之间非常重要的一种肢体语言。

东方短毛猫

加里博士的叮咛

如果你养了好几只猫，其中一只需要看兽医，那么最好全部都带过去。你也许会说，这怎么可能，带一只就已经够累的了。没错，因为把所有猫——塞进笼子确实很费工夫，但如果事先用响片训练好它们，让它们学会乖乖听从指令，自己进到笼子里（见第105页"训猫秘籍"），你就省事多了，而且你会发现这样做是值得的。有时候，家里一只猫去看过兽医，回来之后就会和留在家里的猫打起来，就是因为那只猫身上没有了"家的气味"，闻起来和以前不一样。如果能把它们全部都带去，每一只都让兽医摸一下，回到家里它们身上就有相同的味道了。

猫语解谜

这只猫在说什么？

情境

小黑是一只野生的小猫，从小和一群流浪猫生活在街头。由于从来没有接触过人类，它的性格阴郁凶猛。它和两个姐妹是猫妈妈用奶水哺育大的，后来渐渐地，猫妈妈开始抓老鼠来喂它们。

就这样，小黑度过了它生命中的第一个冬天，等春天来临时，它看起来不太健康，睡得多，吃得少，而且体型始终没有长到成年猫的正常大小。有一天，小黑离开了那群流浪猫，自己跑到附近一户人家的门廊上栖息，累了就蜷缩在门垫上睡觉。有人走过来时，小黑会跳起来跑开，但是当它的姐妹过来时，它们会互相摩擦鼻子，有时候两只猫还会把尾巴缠绕在一起走路，表示它们之间的感情真的很好。

专家你来当

小黑为什么会离开原来生活的猫群？为什么猫在外面可以和平共处，在室内却不行？

猫是猎食者，会为了食物彼此竞争，但同时也会遭到体型更大的动物猎食，例如郊狼，因此猫生病的时候会找地方躲起来，以保护自己。小黑离开原来的群体，就是要另找地方躲藏起来，因为它身体不舒服，无法跟其他猫竞争，门廊对它来说是个遮风挡雨的地方，柔软的门垫也让它可以睡得更舒服。它留在那里是因为那家主人会喂它食物。

猫是务实的动物，虽然它们之间和睦相处并不容易，但只要食物来源充足，有时它们也能学会和平共存，

因此在谷仓、垃圾桶、野猫保护区附近,如果有大片空旷地带,往往就会有猫群形成。一个群体通常包含了好几个由妈妈、姐妹和小猫幼崽组成的小家族,偶尔也会出现一只公猫。只要地方够大,每一只猫都能享有自己的空间,它们就不会打起来。

如何帮助流浪猫

世界各地都有热心的志愿者照看无家可归的流浪猫,一些非营利动物保护团体赞助"诱捕、结扎、放生"(简称TNR)项目,以控制流浪猫的数量。受过训练的工作人员先捕捉野猫,结扎后再放回原来的猫群,这样它们就无法再生育小猫。

生活在意大利罗马的流浪猫可能是全世界最幸福的流浪猫了。1991年,意大利颁布了禁止捕杀流浪猫的法律,规定流浪猫有权生活在出生的地方。如今大约有2000个猫群、30万只猫生活在罗马城市街道下面类似洞穴的区域,好心的志愿者会按时提供食物并照顾它们。

你也能尽自己的一份力量,那就是带自己的猫去结扎,并捐助相关动物保护团体,让更多的流浪猫能够绝育。

训猫秘籍

在椅子之间跳跃

展示你家猫咪的运动才能

 将两把椅子紧靠着摆在一起,把猫抱到其中一把椅子上,让它看着你把美味的零食放到另一把椅子的正中央。

 手指在零食旁边的椅面上轻敲,猫咪会走过来把零食吃掉。

 再将一口零食放到第一把椅子上,在旁边轻敲,并说"过来"。

 重复以上步骤,让猫在两把椅子上来回走几次。

 趁猫低头吃零食的时候,将椅子拉开十几厘米的距离。

 把零食放在空着的椅子上,一边轻敲一边说"过来"。重复这个步骤。每个训练回合都把椅子的距离再拉开一点点。

 大多数家猫或宠物猫都喜欢以劳力换取食物,毕竟它们生来就是要打猎的,无所事事反而会让它们觉得无聊。经常训练猫咪,不但让它们有了活动大脑的机会,也给了它们好玩的事情做。训练到一定程度的时候,你还可以尝试让猫咪跳到半空中时穿过圈圈。

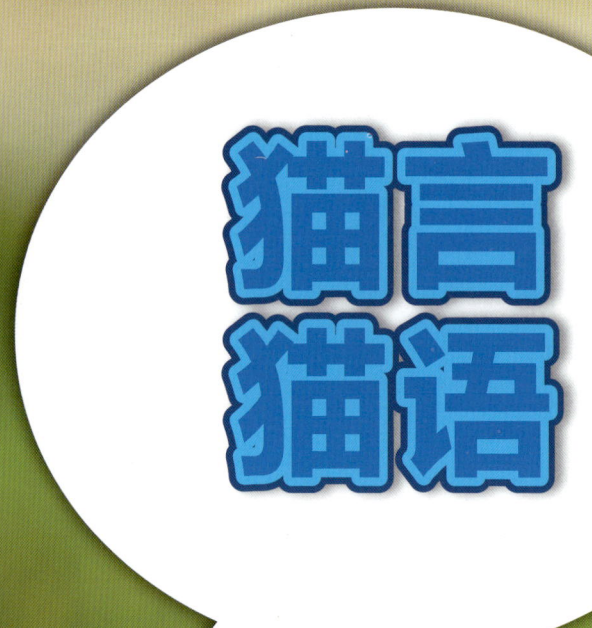

猫言猫语

最近你的猫有没有"告诉"你它很爱你？有没有跟你"讨"过食物，或者要求到外面散散步？很可能有。宠物猫经常用声音和主人沟通，然而野猫一般都很沉默。野猫会竖起尾巴跟同伴打招呼，要是同伴不理它，它可能会"喵"地叫一声。猫打架的时候都会大吼大叫，但除此之外，野猫几乎都是默不作声的。

让人匪夷所思的是，宠物小猫刚出生没几天就会叫了，到三个月大时，小猫已经学会发出一生中会用到的各种声音。一只成年猫能发出"啾啾""嘶嘶""喵喵"等30种到100种不同的叫声，而狗只能发出不到20种叫声。

为了便于分析，专家把猫的声音分为三大类：低吟、喵喵叫和高强度的声音。低吟是轻柔的声音，例如心满意足的咕噜声；喵喵叫是大家最熟悉的叫声了；高强度的声音有咆哮、嘶吼以及猫在压力下发出的各种声音。人类解读猫语当然不容易，但设法去了解一些绝对是值得的。多懂一点点，你和爱猫的生活就会增添很多乐趣。

猫言猫语

口中咯咯作响

窗外阳光明媚,冠蓝鸦、麻雀和知更鸟在院子里飞来飞去。屋子里,你的猫坐在窗前,眼睛盯着窗外,耳朵竖起,尾巴甩来甩去,口中则像在打颤一般咯咯作响。

口中咯咯作响?这是猫在压力下发出的一种高强度声音,听起来很不可思议,但可以肯定的是,它此刻的心情很沮丧。这种上下颌不断颤动的动作,正是它如果有办法破窗跃出、一口咬住鸟儿的脖子时会有的反应。从窗内看着外面的鸟儿,它一开始会很兴奋,就好像你看着服务生把比萨、鸡排、香蕉圣代等美味摆满了餐桌,你的口水都快流出来了,但这些美味却是禁止享用的,看得到却吃不到,你会有什么感觉?此刻的猫就是这种感觉。

有些人把猫关在屋子里是为了猫的安全,而有些人这么做是因为最近的一项研究报告。这项极具争议的研究指出,猫每年杀死数以亿计的鸟类,有可能是造成某些鸟类灭绝的罪魁祸首。是否真的如此,科学界还需要做更多的研究工作。如果对此有所疑虑的话,你要明白,平时吃得好的猫是不会费太大劲儿去捉鸟的。栖息地的丧失对鸟类的威胁更大,因此有一些专家认为,与其禁足猫咪,不如直接帮助鸟儿,例如种植果树,或者在离地面较高、猫跳不上去的地方挂上野鸟喂食器,以此来保护鸟儿。

俄罗斯有一只猫会发出和狗吠一样的声音。

加里博士的叮咛

追捕猎物是猫的本能。毋庸置疑，它们会杀死鸟类和其他野生动物，但数量究竟多少，还有待研究。如果你因此感到不安，就把猫咪关在室内吧，但一定要让它有事情可做。如果你还是想让它出去，可以在它脖子上挂一个轻轻的铃铛，这样鸟儿和兔子就会听到它走近的声音。记得要经常检查项圈是否太紧，同时一定要使用有安全扣环的项圈，万一项圈被树枝勾住，扣环一扯就能解开。给猫戴没有安全扣环的项圈非常危险，因为一旦被树枝卡住，项圈在拉扯之下很有可能勒住猫的脖子。

猫言猫语

发出嘶嘶声、吐口水

猫与蛇,一个是哺乳类动物,一个是爬行类动物;一个毛茸茸得让人想要抱在怀里,一个滑溜溜得让人唯恐避之不及。这两种动物应该不会有什么共同点吧?出乎意料的是,它们其实有两个非常相似的地方。

首先,猫和蛇在自我防卫的时候,都会哈气并发出嘶嘶声。猫会先等敌人靠近,然后把嘴巴张开一半,从口中猛力哈出一股气,希望把敌人吓跑。除了哈气,猫生气时偶尔也会吐口水,这一招非常管用,就连体型比猫大得多的动物都会吓得倒退一大步,而且每只猫都懂得用这一招,就连刚出生的小猫也会,几乎可以说是猫咪的救命绝招。

猫和蛇还有另外一个共同点,那就是口腔顶端都有一个奇怪的构造,叫作锄鼻器。这个器官让猫不仅能够嗅闻,还可以品尝空气中的味道!猫使用这个器官时,脸上会出现怪异的表情:嘴巴无声地张开,上唇后缩,露出牙齿。它会保持这个姿势几秒钟,细细品尝空气中的味道,然后根据收集的信息,追踪在附近出没的猎物或其他猫咪的位置。

除了猫和蛇之外,刺猬宝宝和负鼠在受到威胁时也会哈气。

猫言猫语

嚎叫

猫的几十种叫声之中，嚎叫要算音量最大也最令人受不了的了！猫生气的时候会嚎叫，感到困惑、迷失方向或痛苦的时候也会嚎叫。当一只猫入侵了另一只猫的地盘，或者两只公猫为了交配而争风吃醋时，那叫声更是凄厉，而且双方越叫越响亮，直到其中一只发动攻击了叫声才会停止。这种震耳欲聋的二重唱，我们一般都说是猫在叫春。

猫总是在天黑后最活跃，因为这是它们的捕猎时间。猫的"叫春演唱会"大多数在户外的晚上举行，就像在卡通片里看到的，开唱地点就在院子里的篱笆旁。不过，有些猫在室内也会嚎叫，身体不舒服或脑子迟钝的老猫独自待在安静的屋子里时，就会发出呜咽般的哀嚎。

健康的猫在室内嚎叫，通常是为了引起主人的注意。比如凌晨三点钟，你睡得正香，忽然听见自家猫咪"啊呜啊呜"地叫个不停，不管你怎么怒吼都无济于事。你用枕头盖住头，不过这也不是个好办法。最后你无可奈何，只好起床，在饲料碗里倒了点干粮，这下总该让它闭嘴了吧。果真，猫咪不叫了，但尝到甜头的它从此每天晚上都要叫到你起床倒干粮为止，因为它知道这招管用。

要分辨猫咪为什么嚎叫不止，唯一的方法是分析当时的情况，仔细观察它是从什么时候、在什么地方开始叫的。假如你还是无法判断它为什么叫，最好带它去看看兽医。

世界上没有任何两只猫的叫声是完全相同的，就和人一样，每只猫都有自己独特的声音。

缅因库恩猫

加里博士的叮咛

猫至少能发出 16 种不同的喵喵声。如果你想弄清楚这些叫声的意思,不妨把声音录下来。准备一支数码录音笔或一部智能手机,当你的猫喵喵叫的时候,把叫声录下来,同时记下它此时在哪里、正在做什么,以及它想要什么。之后你可以不断重复播放录音,直到记住录下的声音。持续下去,不用多久,你就能精通猫语了。

喂,我的鸡肉准备好了没?

猫言猫语

喵喵叫

喵喵叫是我们最熟悉的猫叫声,但你可能不知道的一点是,猫的喵喵叫通常只会对着人而不是同伴。猫是聪明的动物,很快就意识到我们人类并不擅长观察,至少与它们交往的时候如此,经常没有注意到它们摇动的尾巴,或者耳朵位置的改变,但猫一发出叫声,我们就会有反应。

于是猫学会了利用这一点。小猫在八周到十周大的时候,就会开始发出不同的叫声来测试主人的反应,那些能帮它们达到目的的叫声,它们就会反复使用。很多猫的喵喵叫用来打招呼,但也可以代表各种不同的意思,比如请求或者抱怨。宠物猫会对主人表达类似"喂我""摸我""你怎么去了这么久""放我出去"这样的意思。

下次你的猫又喵喵叫的时候,仔细留意听并观察它的行为,慢慢地,你就会知道特定声音与特定行为、特定环境的关联。当猫咪坐在紧闭的房门边时,会发出一种喵声;站在空空的饲料碗旁边时,又会发出另一种喵声。分辨不同的声音所代表的含义,这个过程非常有意思,久而久之,你和爱猫之间将发展出你们的专属"语言",就像通关密码一样,任何其他人或猫都听不懂你们在说什么。

猫平均每天会喵喵叫六次。

千岛短尾猫

猫语解谜

这只猫在说什么？

情境

马克斯是一只帅气的灰色虎斑猫，很爱"说话"，几乎一刻都停不下来。在它还是小猫咪的时候，主人从动物收容所把它领养回来。主人无微不至地照顾它，经常摸它抱它。它每天会衔着一颗软球跳到男主人或女主人大腿上，玩捡球的游戏。主人把球丢出去，它再叼回来。

后来主人领养了一只狗，搬进一栋错层式房屋，接着主人又生了小宝宝。马克斯原本宁静的小王国现在热闹非凡，而马克斯本身又给家里添了更多噪声。它从来没有"词穷"的时候，总是高举着尾巴在主人脚边磨蹭，同时心满意足地喵喵叫。每当妈妈和小宝宝在地板上玩耍，马克斯就会一边喵喵叫，一边在两人之间走过来走过去。甚至三更半夜大家都在睡觉的时候，它也喵喵叫个不停。

主人一家都很喜欢马克斯，但是它的聒噪已经快让他们受不了了。

专家你来当

为什么马克斯这么爱"说话"？主人应该怎么做才能让它安静下来，让全家享受片刻的宁静？

显然，马克斯想要引起主人的注意，还有什么时候比屋子里一片漆黑、大家都在熟睡的凌晨两点钟更容易达到目的呢？这一切其实开始于一个晚上，马克斯响亮的叫声把全家人都吵醒了，主人为了能好好睡觉，就睡眼惺忪地走到厨房，在马克斯碗里倒了些吃的。就这么一次！但这种事只要发生过一次就足以让猫咪变成小恶魔。

这个故事的教训是：千万要杜绝这种事情的发生。猫是十分固执的动物，想想看，它们可以一连好几个小时守在老鼠洞外，毅力是多么惊人。猫一旦尝到甜头,就会故技重施,最好的做法就是别再"奖励"它的坏习惯。说起来容易做起来难,你可能需要戴上耳塞,才能扛过猫咪的坚持。

如何让猫咪不无聊

假如马克斯是只暹罗猫,主人就无可奈何了,因为所有暹罗猫都有喵个不停的特点。如果马克斯喜欢到户外活动,那主人就不会有这个烦恼,因为猫整个白天都在户外捕猎和游荡,晚上回到家就是准备睡觉了。

然而马克斯是一只室内猫,而且它很容易感到无聊,因此主人现在尽量抽时间和它玩捡球的游戏,就像小宝宝和狗儿来到这个家之前一样。另外,主人也在家里故意放一些打开的箱子和纸袋,让它可以躲进去玩。为了隔绝马克斯的叫声,主人在离卧室最远的洗衣室的高架子上弄了一张舒适的小床,并放置了食物、水和猫砂盆,晚上就把马克斯关在里面。

马克斯现在还"喋喋不休"吗?其实依然有点聒噪,不过确实比之前安静了不少。

训猫秘籍

外出安全必备
训练猫咪自己进外出笼

 把外出笼打开,正大光明地摆放在客厅,这样外出笼才不会显得陌生又可怕。当猫咪向笼子走过去时,按下响片,同时给它美味的点心作奖赏。

 接下来,当它靠近笼子,等到它把头伸进去时再按响片、给点心。

 只有在它踏进笼子时才按响片、给点心。要非常有耐心,忍住想将它抱进去的冲动。

 等它走进笼子之后再等三四秒钟才按响片、给点心,作为它待在笼子里的奖赏。

 等它进去后试着把笼子关上,要是它能保持平静,按下响片后把笼子打开,给它点心。

 最后,指着笼子说:"进去。"如果它听从了,按下响片、给点心。每天反复练习,一次五分钟左右,要持之以恒。完全教会猫咪可能得花上几个星期,而训练成功之后,进外出笼这项原本难度很大的任务,就可以变得轻松无比,这不论对你还是对猫咪都很值得。

英国短毛猫

问题行为

我们经常忘记猫其实是迷你版的老虎。当我们打开电视看自然节目,经常会看到老虎磨爪子、喷尿或伏击麋鹿的场面,这很正常,但如果爱猫把窗帘抓破、在地毯上撒尿,或者把死老鼠放在床上,你肯定会气得不得了。在美国,行为问题是猫被送到收容所的第二大原因(第一是健康问题),由于收容所无法为所有猫找到领养家庭,每年会有多达 200 万只猫被安乐死。矫正猫的问题行为,就是在拯救无辜的生命,其实做起来也没有想象中那么难。

接下来我们将探讨一些猫的常见行为问题。首先请注意,不要有猫在故意和你作对的想法,你的猫绝不是想惹你生气,或向你报复,而只是本能的驱使。

问题行为

咬人

猫咬人往往是出于恐惧，其实它们宁可逃跑。当它们感觉自己被逼得无路可走时，才会张嘴咬下去。但恐惧并不是猫咬人的唯一原因，有些猫似乎会无缘无故地突然咬人。你的猫可能前一刻还在你怀中咕噜，仿佛很享受你的抚摸，下一刻却往你的手腕狠狠咬下去，不但咬伤了你的手腕，也伤了你的心。

不必担心，你的猫还是很爱你的，它只是太过敏感了，就像一个超级怕痒的人，一开始也许觉得被摸得很舒服，但时间长了就受不了，这时它想要你马上停下来！

不管它咬你的原因是什么，重要的是被猫咬到后伤势有可能会很严重。因为猫口腔内的细菌会侵入伤口，造成感染。如果那只猫没有打过疫苗，甚至有感染狂犬病的可能。为了避免感染，被猫咬或抓之后，赶快用肥皂和水清洗伤口，如果已经被咬破皮，最好去看一下医生。想要避免被咬，有以下几个建议：

- 接触受伤的猫时，除了训练有素的医护人员，成人务必戴上手套，儿童更要避免去接触。
- 猫打架时不要干预。
- 留意猫咪发出的警告信号：耳朵平贴、用力甩尾巴、肌肉紧绷、哈气或吐口水。
- 只要情况允许，留一条路让猫咪逃走。
- 如果你的猫不喜欢被抚摸，请体谅它、接受它、爱它真实的样子。

猫有 **30** 颗牙齿，其中有 **4** 颗特别长，是专门用来**捕捉**和**咬死猎物**的。

我受够了,不要再摸我了!

加里博士的叮咛

猫喜欢让你摸它身上有气味腺体的地方,也就是下巴底部、耳朵、尾巴,还有脸颊,这些地方被触摸时会释放出猫独有的气味,使它感到满足。你可以先用手指轻碰猫的鼻子,让它闻到你的气味;接着摩擦或轻挠它两耳之间的头顶,然后手掌从头部一路摸到尾巴。千万不要碰它的肚子。同时要明白猫跳到你的大腿上并不表示它想被摸,也许它只是想找个温暖的地方躺下来罢了。

问题行为

喷 尿

猫有时候会在一些地方喷尿，留下气味信息来警告其他猫。这和上厕所的撒尿不是一回事，只要看看被尿湿的地方，就能分辨出是哪一种。如果尿在地板上，那是猫咪尿急，没来得及去猫砂盆那里；如果是尿在垂直面上，比如篱笆或门，那它就是在做记号标示地盘。

这种做记号的行为在室内或室外都有可能发生，猫这么做通常是因为有竞争者出现而感到不安，这个竞争者可能是在附近游荡的流浪猫，也可能是家里新来的宠物。喷尿的猫通过自己尿液的熟悉气味来平抚情绪，也警告入侵者注意保持距离。

不管公猫还是母猫，十分之一的猫都会喷尿，而没有结扎的公猫喷得最厉害，通常只要带它们去结扎，问题就可以解决。

如果结扎之后问题仍没有解决，就要采取更强有力的措施了，否则喷尿只会越来越严重。首先，用温水和加酶洗衣液清理被尿的地方，然后喷上消毒酒精，过24小时后，铺一张铝箔纸，再把猫咪的饲料碗放在上面。大部分猫不会在吃饭的地方喷尿。

不过你的工作还没完，你还得找出猫咪压力的来源并设法消除它，只有这样问题才能彻底地解决。

每只猫都有自己独特的气味，就像人的指纹那样独一无二。

加里博士的叮咛

肥胖的猫和老猫经常便秘,它们的粪便又小又硬,需要费很大劲才能排出来。用水分含量多的罐头替代干粮可以减轻猫咪的便秘情况,减肥也可减轻便秘,肥胖的猫真的非常需要减肥!还有一种鲜为人知的疗法,那就是南瓜泥罐头,只要你哄猫咪吃下去,里面的可溶性纤维简直就像灵丹妙药。我建议每天喂一汤匙,一定要坚持天天喂,因为便秘是一种长期的症状。

问题行为

不肯用猫砂盆

家猫一方面出于本能，另一方面也由于猫妈妈从小调教，都懂得上"厕所"。在野外，猫排完便会把粪便埋起来，以免被其他动物发现。因此，如果家猫没有遵循自己的本能去猫砂盆排便，而是跑到无法把粪便埋起来的地方排便，这说明它的内心非常苦恼。你需要花点工夫找出猫咪苦恼的原因，这事一定得做，而且要快。研究表明许多人非常讨厌清理猫的排泄物，为此甚至宁可把猫送走。

这真是悲哀，因为这个问题是有办法解决的。通常问题出在焦虑，有时候也可能是健康出了状况，这时候就需要去看兽医。如果猫咪的健康状况良好，就去检查一下猫砂盆，看看里面是不是干净。有些猫极其挑剔，必须至少每半个月换一次猫砂，还要每天把粪便铲出去——或许它们觉得这样就不会臭了。更换猫砂时，要把猫砂盆也一并洗干净，可以用一点洗洁精，但切勿使用漂白水或味道很重的清洁剂，也不建议使用添加香味的猫砂。要记得，猫的鼻子比我们敏感100倍。

除此之外，猫砂盆一定要够大，要选择大多数猫都比较喜欢的颗粒小、易结块的猫砂，然后把猫砂盆放在方便进出并且隐蔽的角落。猫和人一样，很注重隐私。如果你同时养几只猫，一定要让每一只都有自己的猫砂盆。最后，不要把猫砂盆放在饲料和饮水旁边，没有猫喜欢在厕所里吃东西。这些事情都做到，你的猫咪应该就会高高兴兴地上厕所了。

在美国纽约市的布鲁克林区，有一只猫与鬣鳞蜥成了好朋友。

问题行为

抓家具

哦不！你的猫把客厅的沙发抓破了，现在该怎么做呢？

首先，要明白猫绝不是想搞破坏，它只是需要抓东西。抓东西不但有利于运动肌肉、释放压力、保养爪子，而且由于猫的脚趾之间有气味腺体，通过这个动作还能把气味留在抓的东西上面，以此警告别的猫不要靠近，这气味同时也让它感到安心。抓东西对于猫来说，简直就像呼吸一样自然。

你无法阻止猫抓东西，但可以训练它到别的地方去抓，诀窍就在于把它原本抓的东西变得不再有吸引力。去买一卷可以粘在家具上的双面胶，直接粘在沙发上或先粘在硬纸板上，再将纸板放到沙发上，人要坐下的时候把硬纸板移开即可。这招很有效，因为猫非常讨厌爪子黏黏的感觉。当然，你还得另外准备一处地点，让它无法抗拒地想去抓。

经常帮猫剪指甲也是一个办法，每四周带它找一次宠物美容师，或者自己帮它剪也行。想知道怎么帮猫剪指甲，可以请教宠物美容师或兽医，也可以参考网络上的教学视频。

不管怎样，帮猫剪指甲都是一件好事，尤其它如果喜欢躺在你的大腿上，爪子又爱动来动去，剪指甲不仅能保护家具，也能保护你。

大多数猫有 **18** 根脚趾，但加拿大有一只猫却有 **28** 根脚趾。

看我挠出的爪印,漂亮吧?

夏特尔猫

加里博士的叮咛

"去爪术"是一种不必要的外科手术,是通过手术把猫的指甲摘除,目的是防止猫乱抓,但这种手术非常痛,可能造成日后的慢性疼痛、关节炎和韧带损伤,还有可能引起猫咪行为异常!去爪术确实能避免猫抓坏家具,但这种做法极不人道,在有些地方,法律禁止这种手术,例如欧洲。爪套是很好的替代方法,它是一种亚克力制的套子,粘在猫的指甲上,有多种颜色可以选择,戴起来相当酷!但爪套在指甲长出来时就会脱落,所以要记得每隔一段时间就帮爱猫重新戴上爪套。

问题行为

霸 凌

从小到大,你可能碰到过那种专门以折磨别人为乐的恶霸。猫的世界里也有这种恶霸,而且一点也不输给人类,被霸凌的猫有时候会吓得整天躲在床底下不敢出来。发生这种情形,罪魁祸首通常是出于好意的人类!我们太爱猫了,不惜强迫不相干的猫住在一起,然而在猫眼里,别的猫就是来抢地盘的。

假如你不时地发现家里的盆栽被推倒,地上有一簇簇猫毛和片片血渍,或者有一只猫的耳朵被咬掉了一块,就表明家里有恶猫。从猫的行为也能看出来,例如喷尿、互相怒目而视,或者有一只猫不吃不喝,不理毛,也不进猫砂盆如厕。

碰到这种情况,首先应该保护被欺负的猫。做法是用亚克力爪套把恶霸猫的指甲套起来,并在它脖子上挂一只铃铛。一定要让每只猫都有自己专属的猫砂盆和空间,并且为被欺负的猫准备可以逃脱的洞口,比如开一道猫门,通往安全的房间。猫门必须能感应这只被欺负的猫身上的芯片,只有它才能打开那道门。或者用纸箱给它做一个藏身处,在纸箱的一边开一个小门让它可以钻进去。响片训练也很有帮助,猫很爱这种玩意儿,训练恶霸猫做击掌的动作、给它奖赏,它或许就不会那么在乎地盘了。

如果这些试了都没有用,你应该替被欺负的猫找一个新家,无论人还是猫,活在恐惧当中都是不公平的。

小鬼走开!
这里**不欢迎你**。

猫的地盘可能有 **17 个街区那么大**，也可能只有一张餐垫那么小。

问题行为

饥饿游戏

讨厌！你那只每天喂得饱饱的猫又抓了一只老鼠。它并不是要吃，而是把老鼠抛来抛去逗弄，故意把老鼠扔下让它逃跑，然后再扑上去把它捉住，看起来好残忍。

但这是没办法的事，猫只要看到猎物在动，就会抵挡不住诱惑，不管饿不饿，它的本能就是要把猎物捕到手。一旦捉到了，它就会兴奋得想要不断重温那一刻，这种心理就好像钓到鱼后马上放生的钓鱼者，他们不是为了吃鱼，而是迷上鱼儿上钩、收起钓线的兴奋感。

不过有时候，猫并不是在戏弄老鼠，而是真的没有经验。虽然狩猎是猫的天性，但它们不见得个个在行，要变成个中好手是需要练习的，所以猫妈妈才会活捉猎物带回去给小猫练习扑杀。从小就被当成宠物而错过训练机会的猫，长大以后也不太会捕猎。

还有一种情况是，面对猎物，猫也会恐惧。猎物可能是危险的对手，有爪子、喙或牙齿。为了避免受伤，猫捉到小动物后会先消耗它们的体力，然后当猫施以致命一击的时候，小动物就无力反击了。因此，在我们看起来像凌虐的行为，实际上猫是有它的"道理"的。

猫实在**太擅长捉老鼠了**，在**加利福尼亚州的淘金时代**，矿工会以 **50** 美元一只的价格买猫，这个价格相当于今天的 **1000** 美元。

问题行为

离家出走

你伤透了心，因为你的猫吃完早餐，走到外面去，就再也没有回来。你忍不住哭泣，想象着它被谁拐走了，或是在树林中迷了路，或是被恶犬叼走……类似这样的悲剧确实会发生，但大多数时候，猫是故意出走的。

你大概会觉得奇怪，因为猫天生恋家，它们不但眷恋自己的地盘，也眷恋家人，有些恋家的猫甚至会在主人搬家后自己跑回旧居。

那么，为什么有些猫会舍弃自己的地盘呢？生了病的老猫，有时会本能地溜出去躲起来，就像它那些没被驯化的祖先为了避开捕食者而躲起来一样，要是它在躲起来的时候死了，伤心的主人可能永远也不会知道它发生了什么事。

健康而又没有结扎的猫也经常离家出走，它们是为了寻找配偶，最后都会自己回来。除了上述情形，一般的猫如果离家出走就不会回来，需要主人出动去找，这些猫通常是因为在家里过得不快乐，也许不喜欢主人给的食物，也可能和家里其他猫相处不融洽。

如果猫咪经常离家出走，你就应该带它去结扎，保护它不被其他动物欺负，或者不再让它外出。有些爱猫人士在自家后院用木头和铁丝网建造了很大的猫舍，里头还放置了架子和树枝让猫攀爬。无论如何，你必须做出改变，否则一只经常离家出走的猫是留不住的。

当飓风"桑迪"来袭时，美国有一只名叫波尔舍的猫走失了，当时主人担心它再也不会回来了。没想到六个月后，它竟自己出现在了家门口。

加里博士的叮咛

凡是会到室外活动的家猫，都应该植入芯片，并在带有安全扣环的项圈上挂上身份标签。猫真的走失时，你可以在住宅附近张贴寻猫启事，并把启事分发给当地所有动物收容所，启事上应包含联系信息、猫的照片和悬赏金。也有人在社交网站上贴出寻猫帖文，最后幸运地找回爱猫。保持敞开一扇小门，因为猫有可能自己跑回来；还要记得时常去动物收容所打听消息！寻猫的主人只有不到十分之一的人会去当地收容所查看，结果造成收容所里许多流浪猫都无人认领。

问题行为

孤僻猫

友善的猫几乎来者不拒,胆小的猫谁都没办法亲近,挑剔的猫则只允许某些人亲近。猫是害羞还是活泼,可根据两点来判断,一是遗传因素,二是小时候是否有机会和人相处,也就是所谓的社会化。在这两个因素中,和人相处更重要些,而且小猫八周大以前必须把握这个机会,否则猫会永远保持野性。

因此,如果你的猫只亲近你的母亲,别太在意,不是你有什么问题,而是猫小时候只受到了你母亲的照顾。

如果你想要一只黏你、喜欢被你抱在怀里的猫,那就去领养小猫。小猫会通过观察你的肢体语言来慢慢了解你,并调整它的性格来适应你。猫长到一岁时性格就已定型,很难再发生改变。

假如你已经养了一只紧张兮兮的成年猫,它会跟在你脚边走动,会跳到沙发上坐在你旁边,却永远不让你接近;它不喜欢被摸,也不愿坐到你大腿上。如果是这样,你就任由它吧!别老追着它跑,或是想把它抱起来,事实上,最好的策略就是不理它,给它一点空间,让它自己决定什么时候来亲近你。终有一天,在你意想不到的时候,这一刻就会到来。

圣地亚哥动物保护协会及防止虐待动物协会共同经营的小猫抚育中心,每年帮助多达 2000 只无家可归的小猫社会化,使它们能够成为称职的宠物。

加里博士的叮咛

你应该让猫待在室内，还是允许它外出呢？这是所有养猫的人都会面对的难题。答案很简单，那就是待在室内比较安全，因为猫在外面会遇到各种危险，有可能受伤甚至死亡，可能感染上寄生虫和跳蚤，还可能走失或被拐走。但这并不代表把猫关在室内就能高枕无忧，室内猫也必须注射各种疫苗以防止传染病，而且由于缺乏运动，室内猫容易过胖，从而导致糖尿病。总生活在室内的猫还可能出现的一个严重问题是，有些猫受不了整天被关在屋里，无法出去捕猎和探索，它们会闷得发慌，压力累积久了，就会出现泌尿系统疾病和行为问题。因此，你应该顺从猫的性情，如果它在室内过得很健康、很快乐，那当然很好；但如果一直关在室内会让它发疯，你可以折中一下，白天让它出去，晚上再把它叫回来。每一只猫都是独特的，你应该为你的爱猫选择最适合它的方式。

不是吧,你只有这么难吃的东西给我吃吗?

加里博士的叮咛

如果你想自己做猫食,一定要三思,因为这是一项高难度任务。并且记住,千万别想让你的猫吃素。猫对饮食有特定的需求,任何一种营养短缺都足以使它病恹恹的,甚至要了它的命。最重要的一点是,猫一定得吃肉,至于喜欢吃什么,每一只猫应该都大同小异,只是要注意不要喂得太多,否则你的猫就有可能加入 58% 超重宠物猫的行列,这样一来它患关节炎和糖尿病的概率也会随着增加。

问题行为

挑食猫

很多猫的嘴巴很挑,它们不屑于吃干粮,只肯吃猫罐头,甚至每顿饭都要吃不同的口味。要求变换口味的猫可能是被宠坏了,但只肯吃猫罐头的猫则是明智的,因为猫罐头通常含有较多的肉和水分。水分对猫来说十分重要,但猫总是喝水太少;肉则含有蛋白质,蛋白质是猫需要的重要营养成分,它们应摄取的蛋白质分量是狗的五倍,这也是为什么猫不能只吃狗食生存。蛋白质不足会导致猫双眼失明,并可能造成心脏病。

在野外,猫摄取的肉类来自老鼠,这是猫最理想的食物。但养在室内的宠物猫没办法捕猎,很容易营养不良,因此把它们喂好就是我们的责任。如果你已经做到位了,而猫咪依然不肯吃饭,你可以尝试以下方法:

假如家里还养着其他猫,先确认一下不肯吃饭的猫是不是受到了欺负。试着换一种猫粮,或移到安静一点的地方喂食,或改用浅盘而不是碗来盛猫粮。如果你以前给猫吃冷藏食物,试试先加热再喂,加热后的食物香味会更浓一些。无论如何,绝不要拖延超过两天,你的猫有可能是牙龈疼痛或牙齿发炎,猫一旦生病而没有及时去看兽医的话,身体会每况愈下。

曾经有一只波斯猫吞下了主人一枚价值 4800 美元的钻石搭配红宝石的戒指!

猫语解谜

这只猫在说什么？

情境

十一岁的汉娜本来有一只猫，名字叫安杰尔。有一天她爸爸又送了另一只猫给她，那是只爱捣蛋的灰色虎斑猫，名字叫拉斯卡。两只猫一见面就互相不待见，这是不认识的猫之间常有的情形。

安杰尔感到很恐慌，想要赶跑入侵者，它开始到处喷尿来宣示地盘。它在汉娜父母床上喷尿，昂贵的羽绒被上留下大片的黄色污渍。拉斯卡被吓跑了吗？并没有，与此相反，它的攻击性反而变强了。

拉斯卡埋伏在沙发后面，等安杰尔走过来时就扑上去攻击。"有一次，拉斯卡一口咬住安杰尔的脖子，"汉娜说，"它压在安杰尔身上，用后脚对它又踢又抓。"汉娜使劲跺脚，才制止了这场打斗。

然而伤害已经造成了，现在拉斯卡成了老大，它霸占了客厅，安杰尔吓得几乎整天都躲在楼上，只有在吃饭或者用猫砂盆时才会出来。汉娜觉得非常难过，她知道安杰尔很痛苦，但两只猫都是她的宝贝，她不想送走任何一只。可是，这种情况显然不能再继续下去了。

专家你来当

这两只猫究竟是怎么回事？安杰尔为什么不反抗？拉斯卡又为什么这么霸道？

猫在打斗中可能会伤得很严重，安杰尔已经输过一次，它知道不能心存侥幸，还是躲起来比较安全。

西伯利亚猫

英国短毛猫

至于拉斯卡，它表面上看起来似乎很自信，但很有可能它的内心十分不安。霸道的猫要么是想得到其他猫拥有的东西，如食物和地盘，要么是因为它自己本身非常紧张焦虑。别忘了，拉斯卡突然被迫进入另一只比它资格老的猫的地盘，或许它是因为害怕安杰尔会欺负它，所以才不得不表现得强硬一些。

如何让猫不再打架

汉娜的爷爷、奶奶给她买了一个猫爬架、两支钓竿式的逗猫棒，还有一包猫零食。于是，汉娜开始动手布置，她拿一块布擦擦安杰尔的背部，然后再用那块沾上安杰尔气味的布去擦猫爬架。每天晚上，她都同时和两只猫一起玩，结束后再给它们零食当奖赏。拉斯卡玩起来很粗野，不到一个星期就把一支逗猫棒玩坏了，两只猫只能追逐同一支逗猫棒上的假老鼠。不过令汉娜感到意外的是，它们似乎并不介意，为了吃到零食，这两个死对头竟然愿意玩在一起。

有一天晚上，汉娜走下楼梯，看见两只猫同时在猫爬架上休息！安杰尔在中间那层，拉斯卡则在上面那层。

训猫秘籍

我抓，我抓，我抓抓抓

训练猫咪学会使用猫抓柱

 猫爱用爪子抓粗糙的表面，这不但能保养指甲，还会感觉很过瘾。你如果不想家具被抓坏，就要尽早行事，刚开始养猫的时候就在家里安装猫抓柱。

 每只猫都要有自己的猫抓柱，你可以买新的，也可以自己制作。猫不喜欢和别的猫共用猫抓柱，也不愿意用其他猫用过的二手猫抓柱。

 把猫抓柱放在猫咪最喜欢的房间。

 猫抓柱既要有水平的表面，又要有垂直的表面，猫喜欢有不同的选择。

 猫抓柱垂直的表面至少要有91厘米高，让猫可以拉长身子来抓。

 想引诱猫使用猫抓柱，可以在上面和底部周围撒一些猫薄荷，有些猫很喜欢，如果你的猫没有反应，可改用食物、毛线、猫玩具或其他有可能吸引它的东西。

猫的心情

猫到底有什么魅力？它不会帮人类搜救，也不听我们的差遣，它自顾自跑出去玩，又怎么叫都不回来。然而，我们就是喜欢猫那一身轻柔的软毛、那婴儿般的面孔，还有独立自主的个性。与猫做朋友就好像在驯服老虎一般，这种感觉会让我们无法自拔地爱上猫。

虽然猫和人类差别很大，但它们的情感却与我们很相似。科学家曾经反对这样的说法，但高科技大脑成像仪表明，猫和人一样具有产生各种情绪的脑部结构，不仅如此，它们还能够准确辨别我们的情绪并作出反应，有关猫帮助主人度过低潮期的真实案例不计其数。蒂利是一只被领养的小猫，原本非常胆怯，然而当主人夫妇都被诊断出癌症的时候，它突然不再"自闭"，反而主动给他们以安慰。在阿富汗，有一名士兵因为两位同伴阵亡而大受打击，后来是一只流浪猫帮助他从悲痛中走了出来。

我们的爱猫总是默默地给予我们精神上的支持，我们也可以成为它们的精神支柱，前提是我们能了解它们的情绪。

猫的心情

警 戒

养猫有一个好处,就是你多了一个从不松懈的警卫。说到看家,我们通常会想到狗,其实猫也很在行,猫的听觉比狗还要好,而且随时警戒,即使看起来在打盹的猫也不例外。

只要稍有跟平常不一样的动静——窸窸窣窣的声音,突然吹起的一阵风,或者一股不寻常的气味……叮!猫咪马上就进入警戒状态,你会看到它眼睛睁大,耳朵竖起,肌肉紧绷。在它看、听、嗅的同时,尾巴还会甩来甩去,准备随时出击。这绝对是好事,问问美国科罗拉多州埃斯蒂斯帕克镇的约翰逊夫妇就知道了。2013年9月14日深夜,约翰逊夫妇乔恩和戴恩早已进入梦乡,殊不知附近的大汤普森河已经溃堤,他们没有听见正涌来的滚滚洪流,但猫咪小耶听到了,它跳到乔恩身上,不断嚎叫并拍打乔恩的脸,直到乔恩醒过来。猫这样做及时救了乔恩和戴恩,当戴恩跳下床的时候,水已经淹到她的小腿。夫妻俩抱起小耶,急忙跑去叫醒住在他们出租小屋的度假游客。洪水冲走了小屋,也冲走了镇上的大部分建筑,但约翰逊夫妇和他们的房客却逃过了一劫,这都要归功于小耶这只睡眠浅的守卫猫。

有科学家认为猫能够听见地震发生之前发出的超声波。

猫的心情

快乐

猫咪无处不在。它们生活在民宅里,生活在大学宿舍里,生活在农场上,甚至连长途跋涉的露营车、大卡车以及远航的船上,都能看到它们陪伴主人的快乐身影。

快乐的猫看起来肢体放松自在,耳朵半竖,胡须下垂。见到你时它会用爽朗的喵叫声跟你打招呼,尾巴也会竖得老高,然后跳到你的大腿上大声地咕噜,并用身体去蹭你的手,好让你抚摸它感到最舒服的地方。

猫的要求不多,只要有吃有住、免受敌人的威胁就够了。它们不需要伴,通常宁可自己是家中唯一的宠物,但猫想要有事可做,并且希望拥有自由选择的机会。美国加州圣地亚哥有一对夫妻为了满足家中几只爱猫的这两项需求,把整间房子变成了猫咪游乐场:他们架起一道粉红色的螺旋梯,通往墙壁高处的走道;此外还有从地面延伸到天花板的猫抓柱、观景台、隧道、斜坡和藏身洞,不但猫咪喜欢,每当有客人来访都会赞叹不已。

你大可不必这么大费周张,如果你的猫到室外活动,你可以装一个通往后院的猫门,让它有更多的选择;至于室内猫,只要在架子顶层放一个枕头,然后重新摆放家具的位置,让猫咪能爬到那里去,它绝对会对你感激不尽!

加里博士的叮咛

猫的名字不能乱取。想帮猫取个好名字,领养回来后先跟它玩几天,再根据它的个性取合适的名字,例如淘气的公猫可以叫"皮皮",优雅的母猫可以叫"秀秀"。也可以根据它的外表来取名,有一只浑身结实粗壮的白猫,名字就叫作"白萝卜"。不管怎么取,猫的名字不要太长,科学家发现猫对两个音节,并且以"i"声为结尾的名字最有反应,因此像"查理"、"露西"、"咪咪",都是目前最流行、效果相当不错的猫名字。

1687年**发现万有引力的**英国科学家**艾萨克·牛顿爵士**，发明了猫门。

啊……这才是生活！

猫的心情

爱 玩

小猫随时都兴致勃勃地想玩,只要醒着,它们几乎每时每刻都在玩。大约七周大的时候,小猫就开始学习发出各种信号,邀请同伴一起玩。它们会在脸上做出想玩的表情、四脚朝天在地上打滚,或者用后脚站立;把尾巴弯成问号状,弓起背部,跳到一旁,也可能是想玩的表现。但如果小猫把尾巴向上卷,弓起背部,向上跃起,就表示它们"不玩了"。

成年猫不和同伴玩,只会玩玩具,但也不会玩很久,许多猫最多玩两分钟就掉头走开了。这样做是有原因的,在我们看来像是玩的行为,在猫的心目中其实是在捕猎。

证据就是,如果猫肚子饿了,或者玩具的大小和老鼠差不多,或者玩具是由软毛或羽毛制成的,它就会玩得比较久、比较投入,但最重要的是那玩具必须会散架!对玩具发动攻击的猫,如果又咬又抓后能赢得一顿饱餐,它就会提起劲玩下去,但如果玩具怎么玩都玩不破,也没有任何改变,可怜的猫就会备感挫折,从而放弃继续玩。用心体会这种感觉,你就会明白该怎么做了,每次猫咪游戏结束后奖赏它一顿美味,与你陪它一起玩耍同等重要。

别总是躺着，起来跟我玩啊！

猫的繁殖速度很快，美国得克萨斯州有一只叫达斯蒂的虎斑猫，保持了生育数量最多的纪录，它在18年里共生下了420只小猫！

猫的心情

无 聊

20世纪80年代以前，几乎所有主人都会让猫到户外去，猫咪开心地在外面晒太阳，它们会探索自己的领地并留下气味，有时会去捕猎。户外的猫过着充满冒险的生活，几乎不懂什么叫无聊。

但生活在室内的猫就有可能觉得日子很乏味，它们就像动物园里的老虎一样，虽然有柔软的床和美味的食物可以享受，但毕竟还是受困于牢笼之中，无法自由来去，也不能尽情地捕猎嬉戏。专家说现在的宠物猫有四成处于极度焦虑的状态，每天除了吃和睡什么也不做，有些猫则会出现行为问题，引起麻烦。

假如你的猫咪已经超重，每天睡眠超过18个小时，或者行为有问题，你应该多给它安排一些活动。室内猫需要有抓挠、躲藏的地方，给它留一个靠窗的位置，带它玩益智玩具或响片训练。它们还需要玩捕猎游戏，别以为在地上放一个猫薄荷做的老鼠就足够了，玩具必须会动，才能激起猫的捕猎本能，所以你得和猫咪一起玩，否则百无聊赖的猫可能会把你的脚当作猎物又扑又咬，以解心头之闷。

猫的平均寿命是15年，但有的猫可以活30多年。

好无聊啊！这里没什么事情可做。

波斯猫

加里博士的叮咛

大多数猫都对其他猫没有好感，因此强迫两只没有关系的猫住在同一屋檐下并非明智之举。不过，同一窝的小猫通常会成为一辈子的好朋友，所以如果你目前没有养猫，正打算领养一只的话，可以考虑领养两只同窝的猫，这样它们彼此就有个伴了。假如你已经有了一只猫，觉得它需要一个朋友，可以先到动物收容所领养一只回来，如果两只猫合得来，恭喜你！如果合不来，可以把领养回来的猫送回收容所，通过这种方式，也让你原本的那只猫参与了决策。

猫的心情

忧郁、悲伤

小黄是一头荷兰毛狮犬，跳跳是一只猫，两只宠物在一起生活了七年。一天晚上，小黄受了伤，躺在地毯上就这么离开了世间。当下一次跳跳走进那个房间的时候，它闻了闻之前小黄躺下的地方，也在那里躺了下来。接下来好几个星期，跳跳每天晚上都不偏不倚地睡在那个地方。

还有一只叫条纹的猫，当家里十几岁的小主人离开家上大学之后，它很难适应这种变化，一连好几天都在寻找小主人，并且开始喜欢坐在小主人紧闭的卧室门外，可怜兮兮地喵喵叫个不停。过了一阵子还是等不到男孩回来，条纹就转移到洗手间的一个角落，在那里呆呆地盯着墙壁。

这些猫是陷入了悲伤和忧郁的情绪吗？专家不这么认为，但猫确实会和人或其他动物建立深厚的感情，因此感到失落是合理的。如果新来的猫抢走了主人的宠爱，它们也会感到失落。悲伤的猫会趴得很低，尾巴盘绕在身边，耳朵和须往下垂；有些猫会停止理毛，或不再上猫砂盆。美国防止虐待动物协会在 1996 年做过一项调查，发现有 65% 的猫在同伴过世后行为大变，它们吃得比以前少，比以前更常发出叫声、睡得更多，也变得更黏主人。

这种低潮期有可能持续六个月，如果你的猫开始不吃不喝，变得孤僻、消瘦、蓬头垢面，那它可能陷入了忧郁，这时就要带它去看兽医。有些猫需要吃抗忧郁药物（和人吃的一样），有时候兽医会建议找动物行为师来帮忙。无论如何，不要放弃希望，不管是人还是猫，只要有家人悉心照料，都能顺利走出忧郁的阴霾。

有些猫会对伤心的人伸出援手，用身体磨蹭他们的脚来安慰他们。

> 快救我,
> 我快受不了了。

加里博士的叮咛

　　猫都彼此看不顺眼,有些猫完全无法接受其他的猫,只要家中有别的猫就会不快乐,这是令人难过却无法改变的事实。家里的猫合不来的时候,我们通常会建议主人给每只猫安排一个安全的地方躲藏,然后观察几个月再说。有时候这些猫慢慢就好了,但假如最终还是不奏效,你就必须狠下心做出决定。如果你的亲朋好友愿意领养其中一只,那就最好不过了;如果找不到合适的人领养,只能把其中一只送到收容所,这样可能也比让它在家里继续活在恐惧中好得多。

猫的心情

焦 虑

动物的行为由情绪主导，任何一只猫看到敌对的猫走过来，都会马上绷紧神经，产生焦虑，担心接下来会发生什么事情，这种焦虑感促使猫咪有所行动。它可能会瞪大眼睛，舔一舔嘴巴，再吞一口口水，耳朵转向后方，尾巴紧紧地盘绕在身边；或者身体趴得很低，全身紧绷，肚子贴着地面，随时准备逃跑。处于焦虑状态下的猫不会发出任何声音，这些本能反应是暂时的，也有利于猫的生存。

但如果焦虑的情绪长期持续，对猫的健康就非常不利，会导致它无法过正常的生活。就像离婚、搬家、再婚、家中有人过世等事情会影响人类的情绪一样，这些事情也会让猫感受到压力；此外猫砂盆太脏、换了新地毯、家中有访客或缺少可以躲藏的地方等，也会使猫感到焦虑。但猫最常见的焦虑来源则是另一只猫的出现。也许是邻居的猫，也许是家中敌对的猫，住在一起的猫即使不打架，也有可能互不信任。

焦虑的猫会在猫砂盆以外的地方喷尿或大便，因为它急切地想留下自己的气味，以收复它被侵犯的地盘。你能做的是多陪它玩，这既能分散它的注意力，也能帮助它重建自信。有些专家推荐使用插电香熏，这是猫咪的芳香疗法，会散发出类似猫面部腺体的气味，使猫感到平静。这个方法不见得对每只猫都有效，但可以试一试。

百忧解和其他为人类开发的抗抑郁药物，对猫也同样有效。

猫的心情

苦恼受挫

眼睛睁大而专注,耳朵往前挺直,前脚挥舞,牙齿咯咯作响,尾巴缓缓地甩来甩去——这就是猫苦恼受挫的模样。和人一样,猫在得不到想要的东西时,就会感到苦恼受挫。这种情形十分常见,例如室内猫在窗前望着外面的鸟儿或刚好走过的猫,由于看得到却捉不到,看得越久它就越感觉受挫,当挫折感达到临界点时,它就会转而攻击别的对象,而那个对象很可能就是你。

收容所里的猫被关在笼子里,周围充斥着陌生的气味、声音、人和其他动物,随遇而安的猫还能面对,容易紧张的猫就会特别苦恼。这些猫会随时警戒,在笼子里来回踱步,还会咬照顾它的人,健康也会出现问题。

没错,长期处在苦恼受挫状态下的猫免疫力会下降,容易感染疾病。

小猫跑来跑去想要捉住激光笔的光点,旁边的人看得乐不可支。但请想象一下不断地追逐和扑击,直到筋疲力竭却始终捉不到目标的那种感觉!这种游戏造成的巨大挫折感会让一些猫出现难以矫正的强迫症。

那应该怎么做呢?我们可以在玻璃窗上贴一块硬纸板,挡住猫向外望的视线。收容所的工作人员可以留意哪些猫有受挫的情绪,让兽医和其他工作人员帮这些猫采取预防疾病的措施。在家里,我们可以用逗猫棒替代激光笔,而且玩到最后一定要让猫咪捉到"老鼠",或者在它"逮"到激光点的时候扔一块零食过去奖赏它!

有些品种的暹罗猫和东方猫会出现吸吮和吞食羊毛织品的强迫症。

猫的心情

害怕

大部分猫都是胆小鬼，不论是巨大的声响，还是门口进来一个陌生人，都足以让它们瞬间躲得无影无踪。一有机会，猫就会逃跑，实在躲不掉的时候，它们会伪装心中的恐惧。比如你正在悠闲地剪指甲，你的猫蜷伏在地，尾巴塞到身体下面，头压得很低，耳朵平贴，胡须也往后贴近脸颊。它为什么要这么做？因为它想让自己看起来越小越好，最好能够完全隐形。

而到了第二天，你的猫遇见邻居的狗，这时它却想让自己看起来越大越好！只见它四条腿蹬得笔直，踮着脚尖，全身的毛都竖了起来；它弓起背，尾巴的毛蓬得像鬃刷一般，或者笔直挺立，或者向下弯成一个问号的形状。同时它还会嘶吼、哈气或吐口水。虽然这两种表现方式完全不同，但背后的情绪并无二致，也难怪主人会被搞糊涂了。

有时候，你可以循序渐进地训练它的胆子，这就像注射过敏疫苗一样，每次一点点剂量，让猫逐渐习惯它害怕的事物。比如猫咪很怕吸尘器，你可以一边跟它玩，一边叫家人在远一点的房间里操作吸尘器，然后每天把吸尘器移近一些，直到吸尘器和猫在同一个房间里。这时不要打开吸尘器，要等到它已经不把吸尘器当一回事了，再尝试打开。这是一个漫长的过程，需要耐心，但这种做法是可行的。

加里博士的叮咛

千万别把受惊的猫抱起来安抚，它可能会抓你甚至咬你。你只需要用平静的声音安慰它，同时把吓到它的东西移走就可以了。一旦它觉得稍微安全一些，就会一溜烟地跑走躲起来，或者身体贴近地面、蹑手蹑脚地开溜。就任由它去吧，过几个小时，等它平静下来以后自然就会再度现身，这时你就可以抱它、摸它了。

"猫"在英语中是"cat"，
在意大利语中是"gatto"，
在荷兰语中是"poes"，
在土耳其语中是"kedi"。

哎呀！
我得赶快离开这里。

猫语解谜

这只猫在说什么？

情境

汤米是一只矮矮胖胖的黑白猫，生活在美国纽约州尤蒂卡市的一栋房子里，住在隔壁的女主人菲比很喜欢汤米，汤米也很喜欢菲比。菲比会帮汤米挠耳背，有时候还会把吃剩的食物给汤米吃。汤米经常坐在菲比门前的台阶上，一次，一位路过的女士注意到了它，于是停下脚步和菲比聊了起来。

"你的猫怀孕了。"这位女士说。

"不是的，它是只公猫。"菲比说，"它只是长得胖而已，而且它也不是我的猫。"

自以为是的陌生人愤愤地掉头而去，丢下一句："我不会错的，猫是不是怀孕我一看就知道！"

显然她看得并不对，但有一件事她说对了，汤米不久果真成了菲比的猫，至少在一部分时间里是这样。汤米的主人并没有给它准备猫砂盆，而是每天睡前把它放到屋外去。在一个风雨交加的晚上，菲比被汤米的叫声吵醒，她走到卧室的窗边探头一望，只见汤米蜷缩在不远处的树枝上，全身湿透，不停地发抖，菲比毫不犹豫地打开窗，汤米马上跳了进来。

从此之后，汤米有了两个家，白天它会待在名义上的主人家里，晚上则舒服地蜷缩在菲比的床边。菲比当然很清楚汤米的"二心"，而汤米的第一个主人呢？至今仍一无所知。

专家你来当

为什么汤米会跑到菲比家过夜？它是不是在主人家得不到想要的东西？它想要的又是什么？

猫是很懂得照顾自己的动物，有时候它们会因为家里有敌对的猫而离家出走，有时候它们只是不喜欢家里的食物，觉得不安全，或者受不了另一只猫室友，这时候它们就会寻求更好的安排。在这个案例中，汤米想要得到更多的关爱，以及一个温暖舒适的被窝。

一猫侍二主的情况其实比想象中更普遍。2011年，美国国家地理学会和美国佐治亚大学合作进行了一项调查，他们把小相机挂在55只会到户外活动的家猫的项圈上，当研究人员检查相机拍下的照片时，出乎意料地发现其中4只猫有两个家，它们同时享受着两个家庭所给予的食物和关爱！

怎么确定它是无主的猫？

假设有一只不认识的猫开始在你家外面徘徊，在决定领养之前，最好先弄清楚它是不是已经有主人了。怎么弄清楚呢？这里有两个方法：

1. 拍一张猫的照片，做成传单，为它寻找主人，在住处附近广泛分发。

2. 在一张纸条上写："如果您找到这只猫，请电话联系……"写上你的电话号码，然后把纸条绑在猫的脖子上。

训猫秘籍

芝麻开门，来去自如

训练猫咪使用猫门

给猫咪一些时间习惯猫门，别硬推它过去，否则它会一辈子都害怕猫门。先拿一个晒衣夹夹住猫门靠近铰链的地方，将猫门撑开，让猫咪可以从门洞看到外面。

让家人或朋友把猫抱到门洞外，你从门的这一边叫它的名字，并给它看你手中的零食。一旦它从门洞外钻进来，马上把零食给它。

当猫咪学会从门洞外钻进来后，再反过来练习。把它留在门洞内，你到外面去叫它出来。一旦它从里面钻出来，马上用零食奖励它。

逐步把晒衣夹往下移，使猫门越来越低，最后把晒衣夹拿掉时，在猫门下缘抹一点奶油，这会引诱它过来用头把门顶开。然后再从外面叫它的名字。整个过程可能需要好几个星期，但不管对你还是对猫咪，这项训练都是值得的。

布偶猫

认识新朋友

如何把新来的猫介绍给家里原来的猫

1 可以的话，用外出笼把新猫带回家，不要直接抱在手中。进门后直接把新猫带到浴室或其他可以隔离的房间，在房间里面放一个铺好毛巾的纸箱，外加一碗水、一些猫玩具和一个猫砂盆。把外出笼也放在地上打开，在附近放一点零食，然后离开房间，记得关好门。

2 第二天，找一双袜子，把其中一只套在手上，来回摩擦家里原来那只猫的脸，把那只袜子放到隔离新猫的房间。然后用另一只袜子摩擦新猫，再把袜子拿给家里原来的猫。重复这个步骤三天到四天，每次都换一双新袜子。

3 当两只猫已经熟悉彼此的气味之后，让它们交换房间。通过嗅闻和探索空间里的气味，它们会更多地认识对方。

4 让两只猫正式见面，不过新猫必须待在笼子里以保证安全，它们可能会互相哈气，但没有关系。给两只猫喂食，一定要给旧猫吃它最爱的美味，并且让它吃的时候看得见笼子里的新猫，这样两只猫才会觉得它们在一起就会有好事发生。重复这个步骤几次。

5 最后，把新猫从笼子里放出来，在外面喂它。同时也要喂旧猫，但要让它在房间的另一个角落吃。让笼子和隔离房间的门开着，这样必要时新猫可以有地方躲避。运气好的话，你的两只猫最后就会变成朋友。

猫咪
谣言大破解

谣言： 黑猫会带来厄运。

怎么开始的： 在中世纪（公元5世纪到15世纪）的欧洲，只要有不好的事情发生，大家就认为是巫术在作祟，而被指控为巫婆的女人，很多都养猫，于是民间开始谣传黑猫可能就是巫婆的化身。

为什么不是真的： 首先，不管人也好，动物也好，世上根本没有巫婆这回事；其次，猫的颜色与它是否邪恶无关，看看这个14岁的苏格兰女孩玛丽亚·吉隆就知道了。玛丽亚患有心脏病，随时都有生命危险，尤其是在晚上睡着的时候。她的黑猫珀拉和她一起睡，只要她的心跳一停止，珀拉就会去叫醒玛丽亚的母亲。珀拉已经好几次将玛丽亚从死亡的边缘救回来，玛丽亚很庆幸有珀拉在身边。

谣言： 牛奶对猫有益。

怎么开始的： 从前的奶农养很多猫来帮忙捉粮仓里的老鼠，为了答谢猫咪，奶农常常在屋外放一些牛奶给猫咪喝。

为什么不是真的： 母乳是小猫最理想的食物，可是断奶之后，很多猫就丧失了消化乳糖的能力（跟有些人一样）。农场的猫是在外面游荡的野猫，就算出现什么异常，农场主也不会发现。其实很多猫喝了牛奶之后会呕吐或拉肚子，猫还是吃老鼠或猫粮最健康。

谣言： 好奇心会害死猫。

怎么开始的： 猫的习性就是喜欢探索，它们经常东翻翻、西找找，看到洞口或缝隙就会把头甚至整个身子伸进去一探究竟，任何会动、会发出怪声或有陌生气味的东西都能引起它们的好奇心。

为什么不是真的： 猫虽然好奇得不得了，但同时也很谨慎，只要留意观察，你就会看到猫小心翼翼地伸出脚爪去试探眼前的东西。尽管如此，猫不免还是有错估形势的时候，这时好奇心就会把它带到不该去的地方。有一只猫钻进了自动售货机,被困了37天!有一只猫则爬进排水管里三天出不来,还有一只猫更夸张,它钻进主人的行李箱,结果从美国俄亥俄州一路飞到了佛罗里达州。这三只猫最后都安然无恙,可见好奇心并没有害死它们,倒是给它们的生活增添了不少趣味!

谣言: 所有猫咪都怕水。

怎么开始的: 大多数人是从自身经验得出了这个结论,猫很讨厌洗澡,也不会像狗那样跟着主人一起跳进水中游泳。

为什么不是真的: 所有猫科动物都会游泳,包括老虎。大部分猫咪不是怕水,只是能不碰就不碰,因为在水中猫的上层毛和下层毛都会湿透,它们必须舔上好几个小时才能弄干。然而有一种叫作土耳其梵猫的品种很爱游泳,这种猫没有下层毛,上层毛则是特殊的柔软质地,有一定的防水性。

谣言: 猫不管从多高坠落都会四脚着地。

怎么开始的: 在美国马萨诸塞州波士顿市有一只叫糖糖的白猫,它从19楼坠落下来,竟然没有什么大碍!像这类奇迹般的故事,往往给大家造成误解,以为猫有九条命,这也是没有根据的。

为什么不是真的: 猫的脊椎非常柔软,加上没有锁骨,即使在半空中没有任何东西可以借力的情况下,它也有办法将姿势转正。坠落中的猫还可以将四条腿撑开,像降落伞一样减缓落下的速度。这两招尽管厉害,却都需要时间才有办法做到,研究发现比起从二楼阳台摔下,猫从更高处(七楼以上)坠落存活的概率更大。不管怎样,从高处坠落毕竟不是好事,事实上很多从高处摔落的猫都断送了性命!

爱猫、不爱猫

人类与猫咪的爱恨情仇史

> 生活在塞浦路斯岛（位于地中海）的早期人类把一个人和一只猫一同下葬。这是人类爱猫、与猫一起生活的最早的化石证据。

> 古埃及人崇拜以猫的外形现身的女神芭丝苔特，波斯人就利用这个弱点，在率军攻打一座埃及城市时，每个波斯士兵手中都抱了一只活生生的猫当作防护。埃及人不愿伤害他们心目中神圣的动物，最后只好投降。

| 约公元前7500年 | 约公元前1450年 | 约公元前500年 |

> 古埃及人很爱猫，不但将它们驯化，猫死了还会做成木乃伊下葬，但最开始的时候，古埃及人并没有给猫取名字。史上第一只有名字的猫叫作"那杰安"，意思是"讨人喜欢者"，我们之所以会知道，是因为它的名字被刻在了主人的墓碑上。

> 在日本,猫被系上绳套,成为只有皇室才能养的尊贵宠物。然而成群的老鼠开始大吃谷物和蚕,于是天皇下令所有的猫都必须放养。这招果然奏效,有猫帮忙捉老鼠,日本才保住了农作物和丝绸。

> 埃及的一位苏丹建造了世界上第一个猫保护区。他立下遗嘱,把自己名下果园的收入用来喂养开罗的流浪猫。在他死后的几百年,开罗街头的流浪猫每天都能吃到免费的一餐。

| 公元1200年 | 1280年 | 1484年 | 1620年 |

> 英国清教徒乘坐"五月花"号前往新大陆时,把猫也带上了船,同行的还有猪、鸡、山羊、绵羊、兔子、笼中鸟和两只狗。

> 教皇英诺森八世宣布猫是巫婆的化身,从此在欧洲各地,大家只要看到猫就捉起来毒打致死。此后200年间,欧洲的猫不断遭到类似迫害。

> 美国著名童书作家苏斯博士（本名西奥多·盖泽尔）出版了趣味故事书《戴高帽子的猫》，主角是一只戴高帽子、打蝴蝶领结的猫咪。苏斯博士写这本书的目的是帮助小孩子练习阅读，如今它已成为美国有史以来最畅销的十大童书之一。

> 中国心理学家郭任远将小猫和老鼠一起饲养，发现这些猫长大以后不会捕杀那些从小和它们一起长大的老鼠。此外，对兔子、宠物鼠、小鸟也一样，只要小猫在两个月大之前曾经和这些动物一起生活过，长大后都不会杀这些动物。

> 著名作家查尔斯·狄更斯因为爱猫鲍伯过世，内心大受打击，当时正流行动物标本剥制术，狄更斯便将鲍伯的一只前爪让人制成填充标本，作为一把象牙拆信刀的刀柄。为了纪念这位好友，狄更斯从此一直把这把拆信刀摆在他的书桌上。

| 1862年 | 1871年 | 1930年 | 1957年 | 1963年 |

> 世界上第一次猫展在英国伦敦举行，一群只把猫当作宠物而不是为了抓老鼠的"猫咪发烧友"带来了170只猫参加展览。18年后，猫展上展出的猫增加了三倍，前来参观的猫友也达到两万人。

> 费莉切特是一只黑白相间的法国猫，它是第一只登上太空的猫咪，火箭把它送到了离地球160千米外的太空，不过它当天就回到了地面。它闪电般的飞行让科学家对失重状态以及太空旅行所必须面对的严苛环境有了更深入的了解。

> 在美国，宠物猫的数量首次超越了宠物狗，达到 8170 万只，宠物狗则是 7210 万只。随着每年从乡村搬到都市的人口越来越多，专家估计这个趋势还会持续下去。

> 托马索是一只四岁大的流浪猫，被富有的意大利女主人领养后，成了世界上最富有的猫。但意大利法律禁止它那位 94 岁高龄、膝下无子女的主人把巨额财产直接留给猫，于是老太太立下遗嘱，把财产和猫一起留给了一位她相信会好好照顾托马索的女性朋友。

| 1978年 | 2007年 | 2011年 | 2014年 |

> 加菲猫这只橘色大懒猫首次在美国报纸的连环漫画中登场，创作者吉姆·戴维斯用了他祖父的名字给这只卡通猫命名。戴维斯小时候住在印第安纳州的一座农场，加菲猫的角色就是综合了农场上好几只猫的不同个性塑造出来的。今天，全球有 131 个国家都能看到加菲猫漫画，读者多达两亿人。

> 猫咪保护衣问世，这种保护衣用黑色皮革手工缝制而成，猫穿上去就像角斗士一般，可以保护猫咪不被野狗、郊狼或敌对的猫抓伤咬伤。一件猫咪保护衣的价格是 500 美元，它确实有保护作用，但前提是你得设法让猫咪穿上它。

长毛猫短毛猫一家亲

（还有无毛猫哦！）

猫是天生的捕鼠高手，它们杰出的捕鼠能力已经没有什么提升空间了，人类一向任由猫去做它擅长的事。到了19世纪中期，在世界各地游历的人开始把外型特殊的猫带回英国，英国人注意到有这么多种不同的猫之后，开始像培育犬种一样，也把猫分为不同品种。和狗不同的是，猫的育种并不是为了帮助人类执行某一项工作，而纯粹只是为了观赏。目前，猫大约有50个品种，现在就来认识一些最受欢迎的迷人猫种吧！

美国短毛猫

原产地： 欧洲

外型特征： 强壮结实，圆头圆眼，体毛短而密，捕鼠技艺高超，有80多种不同的毛色和花纹。

趣闻逸事： 普通短毛家猫的纯种版。英国清教徒搭乘"五月花"号移居北美时，为了保护船上的货物不被老鼠咬坏，带了美国短毛猫的祖先上船。有些猫移民可能到得更早，在1607年就跟随较早一批移民到詹姆斯敦拓荒。

缅因库恩猫

原产地： 北美洲

外型特征： 体型壮硕，体重可达8千克，尾巴长而粗大，体毛浓密蓬松，颈部有一圈明显的鬃毛。

趣闻逸事： 北美洲的第一次猫展于1895年5月8日在纽约市的麦迪逊广场花园举行，夺得冠军的是一只名叫柯西的褐色虎斑缅因库恩猫。缅因库恩猫和浣熊一样长着毛茸茸的大尾巴，因此有谣传说缅因库恩猫是猫和浣熊杂交的产物，这只是无稽之谈。不过缅因库恩猫确实不太像猫，它们爱玩捡球游戏，有些还会用类似鸟的叫声来沟通。

塞尔凯克卷毛猫

原产地：
美国怀俄明州

外型特征：
全身的毛超级柔软、卷曲，好像烫过一样。

趣闻逸事：
塞尔凯克卷毛猫的卷毛是自然形成的，1987年怀俄明州有一只在动物收容所出生的小斑点猫天生就是卷毛。当地的一位繁育者让这只猫和一只得奖的波斯猫交配，一个新品种就此诞生。繁育者将新品种命名为"塞尔凯克"，以纪念她同名的继父。塞尔凯克卷毛猫有各种毛色，除了体毛卷曲，连胡须也是卷曲的！

波斯猫

原产地：
伊朗（旧名波斯）

外型特征：
又宽又扁的脸，塌陷的鼻子，浓密的长毛。

趣闻逸事：
波斯猫是最受欢迎的猫种，数量占所有注册的纯种猫的四分之三，还经常有机会登上大荧幕。电影《精灵鼠小弟》中就有一只白色波斯猫"雪球"，有时甚至想吃掉作为主角的小白鼠。养波斯猫的人都喜欢抚摸它又长又软的毛，但波斯猫的长毛很容易打结且变得黯淡无光，需要每天梳理。由于鼻子太扁，波斯猫一般都有呼吸道问题。

阿比西尼亚猫

原产地：
不详

外型特征：
绿色或金黄色的杏眼，皮毛有独特的虎斑纹路。

趣闻逸事：
阿比西尼亚猫是古老的品种，第一只在美国猫展上亮相的阿比西尼亚猫来自非洲国家埃塞俄比亚（旧名阿比西尼亚），因而得名。活泼好动的阿比西尼亚猫不喜欢被人抱在怀里，但它们十分聪明，因此当苏格兰作家席拉·伯恩福德要为她的小说《不可思议的旅程》中的暹罗猫西蒙找一个伴时，就选择了阿比西尼亚猫。

暹罗猫

原产地： 泰国（旧名暹罗）

外型特征： 身形修长苗条，头部呈楔形，蓝眼睛、大耳朵，属"重点色"品种，意思是面部、耳朵、腿、尾巴等末端部位的颜色比身体颜色更深。

趣闻逸事：

以原产国命名的暹罗猫，一直到19世纪才开始被亚洲以外的世界所认识。第一只被带到美国的暹罗猫，是任期1877年至1881年的美国总统拉瑟福德·B.海斯的宠物，名字就叫作"暹罗"，很受海斯12岁女儿范妮的宠爱。大多数暹罗猫都"喋喋不休"，而且不喜欢独处。

布偶猫

夏天很容易晒伤，冬天则容易受寒。

原产地： 美国加州

外型特征： 温驯的大猫，身长可达90厘米，体重可达15千克，有柔软的中等长度被毛和明亮的蓝眼睛。

趣闻逸事：

布偶猫的个性稳定、放松，名字的由来是当它被人抱在怀中时，全身非常放松，软绵绵的像布偶一样。很多布偶猫就像小狗一般，喜欢追随主人的脚步进进出出。这种猫成熟得比较慢，有时要花上三四年才能发育成成年猫的体型和颜色。

斯芬克斯猫

原产地： 加拿大多伦多

外型特征： 身体几乎全秃，摸起来很温暖，皮肤多褶皱，尾巴又细又长，像老鼠一样。

趣闻逸事：

大多数斯芬克斯猫都很友善亲人，和狗也能很好相处。但如果你对猫过敏的话，养斯芬克斯猫并不会有什么帮助，因为使人气喘、流鼻涕的过敏源并不是猫毛，而是猫的口水中所含的化学物质，猫舔毛的时候，这种物质就留在猫的毛或皮肤上，引起有些人的过敏现象。此外，斯芬克斯猫也有自己特有的问题，由于全身无毛，

异国短毛猫

原产地： 美国

外型特征： 和波斯猫很像，但毛较短、较浓密。

趣闻逸事：

异国短毛猫是1967年才培育出来的新品种，它的毛浓密华丽，个性惹人怜爱，就像活生生的玩具熊。异国短毛猫有个绰号叫作"懒人的波斯猫"，因为它的毛较短，没那么容易打结或失去光泽，比较好打理，不过即使这样，它们也需要两周梳理一次毛。和波斯猫一样，异国短毛猫也会有呼吸道的问题。

马恩岛猫

原产地： 英国近海的马恩岛

外型特征： 没有尾巴。

趣闻逸事：

传说马恩岛猫是最后一只登上诺亚方舟的动物，诺亚急着启航，把门关上时，不小心夹断了马恩岛猫的尾巴。但实际上是由于岛上的猫近亲繁殖，所以产下了没有尾巴的小猫。马恩岛猫如今已成为马恩岛的象征，钱币和邮票上都有它的身影。

埃及猫

原产地： 埃及

外型特征： 中等体型，稀有的绿眼睛，皮毛上有分布均匀的斑点。

趣闻逸事：

埃及猫身上特殊的斑纹，的确和两千多年前古埃及人画在坟墓和卷轴上的猫身上的斑纹很像。古埃及人对猫非常尊崇，杀猫是要被判死刑的。埃及艳后克娄巴特拉曾经把眼妆化成她养的那只猫眼睛的样子。要是家里的猫死了，古埃及人还会剃掉眉毛，以示哀悼。

热带草原猫

原产地： 美国

外型特征： 最明显的特征是长腿、皮毛有斑点，长得很像花豹。

趣闻逸事：

热带草原猫是家猫之中体型最大的，1986年由家猫和一种叫薮猫的捕食瞪羚的非洲野猫混种而成。由于担心这种大型捕食性动物万一脱逃，不知会做出什么事来，美国有些州明文禁止饲养热带草原猫。因为十分稀有，热带草原猫要价可以达到3.5万美元一只，摩洛哥国王就养了一只。

普通家猫

原产地： 世界各地

外型特征： 有各种身材、体型、颜色和斑纹。

趣闻逸事：

全世界的宠物猫95%以上都不是纯种猫。普通家猫很能吃苦，适应力强，很容易照顾，寿命一般比纯种猫长。动物收容所里大多是这种猫，你可以去那里挑一只来领养，但说不定会有某只猫主动就找上你，要你当它的主人，混种猫在这方面可是很精明的！

埃及猫

猫咪的各种花色

家猫有各种各样的花色，但全都是由浅褐色底加黑条纹的虎斑野猫演化而来。想找出证据吗？把任何一只猫放在明亮的光线下仔细观察，乍看起来是纯色的皮毛上，都能够看到隐隐的虎斑条纹。家猫经过几千年的演化，毛色已经产生相当大的变化，然而2012年的一项调查显示，我们仍然受到古老迷信的影响，对猫咪有既定的刻板印象。许多人都认为橘猫比较友善亲人，白猫生性傲慢，玳瑁猫最好训练，至于"不祥"的黑猫呢？它们在动物收容所一向是最难被人领养的一群。撇开迷信，现在就让我们来看看最常见的几种猫咪花色，以及这些猫咪的特性吧！

白色

在白猫高贵典雅的外表下，隐藏着一个不幸的秘密：赋予猫咪白色皮毛的基因，也是白猫失聪的原因，五分之一的白猫是聋子。如果是蓝眼睛的白猫，耳聋的概率会大幅增加，其中四分之三有听觉障碍。那么猫粮广告中那些白皮毛、蓝眼睛的明星猫，又是怎么配合拍摄广告的呢？这些配合演出的白猫听觉都是没有问题的，通常也接受过响片训练。

玳瑁色

玳瑁猫拥有一身混杂的毛色，由黑色、橘色，有时再加上一点白色组成。玳瑁猫几乎都是母猫，这是因为决定毛色的基因在 X 染色体上，而母猫有两个 X 染色体。公猫只有一个 X 染色体，再加上一个 Y 染色体，因此公猫有橘色，有黑色，但不会同时拥有两种颜色。任何染色体都可能携带不含色素的白色基因。英国有一只公玳瑁猫名叫埃迪，它是非常罕见的例外，全英国每年的新生玳瑁猫中，只有两到三只是公的。

黑色

黑色的毛并不代表阴暗的性格或者会招来厄运，比如美国华盛顿州里奇兰市的大黑猫塞布尔就深受当地人的信赖，因为它每天都像安全巡查员一样，准时到校门口巡守，看着学生上下学过马路，当地人还因此给它颁了个奖。只有一种人会因为养黑猫招致厄运，那就是患有严重过敏症的人。研究显示黑猫比花斑猫更容易引起过敏，在室外没有问题，但如果想养在室内，对猫毛过敏的人最好打消这个念头！

斑点

斑点猫和玳瑁猫一样拥有杂色，但身上多了分明的白色区块，通常出现在面部、肚子和腿上。全世界最有名的斑点猫，应该是美国纽约市布鲁克林区的一只流浪猫斯嘉丽，它在一场大火中勇敢地五次冲进火场，救出它的小猫，它的眼睛和面孔因此被严重烧伤，但幸运的是它和四只小猫都活了下来，最后都被富有爱心的家庭领养了。

红色

哈利·波特电影中的"歪腿"和加菲猫有什么共同点？对，它们都是红色虎斑猫！红色猫一般又叫橘色猫或姜黄色猫，至于虎斑，则可以是各种颜色，只要皮毛上有隐隐约约的黑色条纹，就可以叫虎斑猫。在灌木和草丛中，虎斑是很好的保护色，使虎斑猫在跟踪猎物时不容易被发现。虎斑猫还有另外一个很好辨识的特征，那就是额头上有"M"形的纹路。

快来和我玩

钓鱼

请记住,猫都喜欢会散架的玩具,所以宠物店的玩具就不必考虑了,你大可利用家里没用的东西自己来制作钓竿逗猫棒。如果在玩的过程中,猫咪把玩具当作猎物抓烂了,那就太好了!不过千万别让它把诱饵吞下去。猫喜欢吞食绳子或线,而这会引起严重的肠胃问题。玩具玩坏了就再给它做一个新的,做法如下:

1. 把一条差不多和手臂一样长的绳子绑在一根细棍子的末端。
2. 用胶带缠绕棍子的末端,把绳子固定住。
3. 在绳子的另一端绑上一个"诱饵",可以是羽毛、揉成球状的铝箔纸,或者几条短丝带。
4. 现在,设想诱饵是一只老鼠并模仿老鼠的动作。
5. 将诱饵从猫咪面前快速拉走,而不是迎向猫咪,动作要像在逃跑一样。
6. 让猫捉到诱饵。
7. 再度逃开,将诱饵藏在书柜下方或椅子背后,再冲出来或从地面上溜过去,速度时快时慢。
8. 再让猫捉住诱饵。
9. 挥舞手中的棍子,让诱饵像鸟一样"飞"起来,但保持在猫抓得到的范围内。
10. 当猫第三次抓到诱饵时,游戏就可以结束了,然后用美味的食物奖赏它。

棕色虎斑猫

吹泡泡

把一杯温水和两汤匙玉米糖浆倒进一个铁盘里,加入四分之一杯洗洁精,轻轻搅拌。用捞面勺等有孔的勺子充当吹泡棒,向猫咪吹泡泡,你就会看到它追逐、拍打泡泡的有趣模样。游戏结束后别忘了奖赏猫咪哦!

益智游戏

想要自己的猫咪保持身心健康吗?让它为自己的晚餐付出劳动吧,动物园里的饲养员就是这样训练大型猫科动物的。寻找食物的过程不仅能锻炼它们的身体和大脑,也让它们不会太无聊。

1. 取一个空的饮料瓶。
2. 在瓶身上剪几个大洞。
3. 在瓶子里放一点干猫粮。(分量要从晚餐中扣除,以防猫咪变胖。)
4. 把瓶盖盖上,让猫用爪子把食物扒出来。
5. 等它掌握诀窍之后,换一个饮料瓶,这次剪小一些的洞。

纸袋与纸盒

1. 把乒乓球放进一个空纸巾盒里,让猫追逐拍打着玩。
2. 帮猫咪做一张舒适的床。找一个纸箱,把盖子拿掉,其中一面剪开让猫咪方便进出,最后用不要的旧毯子做床垫。
3. 把几个纸袋的底部剪掉,用胶带将纸袋一个个连接起来,形成一条隧道。将纸隧道放到地上,在里面放一点猫食,引诱猫咪钻进去玩。
4. 在纸袋里放一点猫薄荷,把纸袋放到地上,猫就会忘我地在里面打滚。(猫薄荷安全无毒,也不会上瘾,但并不是每只猫都对猫薄荷有反应。)

小测验：与猫相处的注意事项

猫并不总是那么爱说话，所以当它有话要和我们说的时候，就需要我们多加注意了。下面这个小测验，会让你发现"仔细聆听"有时可以保护自己的安全。

1. 小孩最常被什么样的猫咬伤？
- A. 受惊吓的猫
- B. 流浪猫
- C. 饥饿的猫
- D. 波斯猫

2. 为什么猫有时候会咬人？
- A. 玩得太粗野
- B. 被摸够了，不想被人继续摸
- C. 没有退路
- D. 以上都对

3. 假如猫在你面前翻身露出肚子，你应该怎么做？
- A. 摸它的肚子
- B. 只看别动手
- C. 用树枝戳它
- D. 在它的脚底搔痒

4. 猫抱着你的手咬你手腕时，怎么防卫最好？
- A. 大声呼救
- B. 大力甩手臂
- C. 整只手放松
- D. 踩脚

与猫相处的注意事项（答案）

1. **A.** 虽说猫受惊吓时的第一反应是逃跑而不是攻击，但所有猫咪都会用爪子来自我防卫，喜欢坐在主人大腿上的黏人猫咪也不例外。所以对于任何感觉被逼到墙角、没有退路的猫，都要格外小心。

2. **D.** 痛楚、害怕、抚摸或玩得过火，都有可能造成猫出现攻击行为。自保之道就是当看到猫耳朵平贴、尾巴抽动、背部弓起时，赶快闪远一点。

3. **B.** 猫翻身露出肚子，表示它想引起注意，但绝不是想被戳、被抚摸或搔痒。这时候如果伸手去摸它的肚子，你的手可能会被猫爪抓出长长的血痕。

4. **C.** 如果猫咪在你抚摸它的时候咬你，表示它想要你住手。这时你应该停下动作，放松你的手臂，这会让猫感到放心，它也就会放开你了。

5. 遇到一只陌生的猫时，你应该怎么做？
- A. 不理它，等它自己走过来
- B. 马上把它抱起来
- C. 顺着它的背部由上往下摸
- D. 追它，一定要捉到它

6. 猫做什么的时候，千万别去打扰它？
- A. 睡觉
- B. 哈气
- C. 喵喵叫
- D. 洗脸

7. 当猫瞪着你、把头压低、蓬起尾巴上的毛时，表示它是什么状态？
- A. 肚子饿了
- B. 想跟你玩
- C. 感到焦虑
- D. 正在生气

8. 以下哪个迹象最能代表猫很友善？
- A. 用身体磨蹭你
- B. 竖起耳朵
- C. 摇尾巴
- D. 眼睛半闭

英国长毛猫

5. A. 猫愿不愿意亲近人，要看它曾经接触过多少人，以及年幼时是否经常和人类接触。不要勉强亲近陌生的猫，永远让猫自己主动。

6. B. 你可以在猫睡觉、喵喵叫或理毛的时候靠近它，因为这是它感到舒适、放松的时刻。但最好别惹哈气的猫，猫哈气所发出的嘶嘶声代表一种警告，目的就是要把你吓跑。

7. D. 生气的猫会变得有攻击性，这时它不再想逃跑，反而倾向向前准备发动攻击，有时口中还会发出低吼声。但只要你退开，它就会放弃攻击。

8. A. 竖起耳朵、眼睛半闭和摇尾巴都可能代表多种不同的意思，唯有用身体磨蹭最好解读。为什么呢？因为这个动作是全身性的，要判断猫的情绪，绝不能只看它身体的某个部位就下结论。

相关资源

可提供帮助的专业渠道

国际猫协会
The International Cat Association (TICA)

国际猫协会负责注册世界各地纯种猫的血统资料并赞助全球数百个猫展,不管是纯种猫还是一般家猫,都有机会在猫展上竞争相同的荣耀。协会网站提供有关品种、参展、猫咪健康、驯猫师以及猫咪救援行动等信息。

» www.tica.org

美国防止虐待动物协会
American Society for the Prevention of Cruelty to Animals (ASPCA)

这是全美第一个反虐待动物组织。在官网上的 Pet Care(宠物照护)标签下,你可以找到如何照顾猫咪、如何面对宠物离世的建议,此外还有"虚拟宠物行为师"这个单元。

» www.aspca.org

好朋友动物协会
Best Friends Animal Society

"好朋友"旗下有全美最大的动物收容所,其中"猫世界"部门收留了700多只猫,这里有一个圈起来的游乐场,猫咪在等待领养期间可以在里面尽情玩耍。

» www.bestfriends.org

国际爱猫联合会
Cat Fanciers' Association (CFA)

成立于1906年,至今已注册超过200万种纯种猫,每年在世界各地监督400场左右的猫展。网站提供有关品种的资料,还有照料猫咪的视频和文章链接。

» www.cfainc.org

宠物搜寻 Petfinder

该网站提供美国、加拿大和墨西哥境内13000多个动物收容所的链接,并且为流浪猫及其他宠物找到新主人。网站上还有精彩的视频、领养故事和照顾宠物的小秘诀。

» www.petfinder.com

圣地亚哥动物保护协会及防止虐待动物协会
San Diego Humane Society and SPCA

该组织成立于1880年,设有动物收容所、行为矫正中心,并提供宠物领养代理服务。协会的动物警察负责调查虐待动物案件,小猫抚育中心的护理人员则专门抚育孤儿小猫,把它们训练成乖巧的好宠物。

» www.sdhumane.org

华盛顿动物救援联盟
Washington Animal Rescue League (WARL)

该组织为无家可归以及受虐猫咪提供重生的机会。在决定领养之前,你可以先通过线上问卷了解哪一种性情的猫咪最适合你。

» www.warl.org

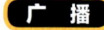 广 播

动物之家 The Animal House

该节目每周一次在 WAMU 88.5FM 播出,由位于华盛顿特区的美国大学制作,专门讨论动物科学、野生动物保护以及宠物行为。加里博士也参与主持,回答听众有关宠物的问题。该节目在全美30个电台播出,你也可以上网收听每一集节目。

» www.wamuanimalhouse.org

电子媒体与平面媒体

书籍

美国国家地理少儿奇趣小百科系列《疯狂的大猫》
[美]伊丽莎白·卡尼
[南非]贝弗丽·朱伯特　德里克·朱伯特　合著
青岛出版社，2014年

美国国家地理少儿奇趣小百科系列《神奇的宠物》
[美]詹姆斯·斯皮尔斯　弗吉尼亚·莫雷尔　合著
青岛出版社，2014年

《为什么我的猫这么做？》
(*Why Is My Cat Doing That?*)
[英]萨拉·希思　著
桑德贝出版社，2009年

电影

非凡的猫（Extraordinary Cats）
美国公共广播公司自然系列，1999年

猫咪的科学 DVD
（Science of Cats DVD）
美国国家地理，2010年

猫咪的秘密生活 DVD
（The Secret Life of Cats DVD）
美国国家地理，2010年

网站

美国国家地理（National Geographic）
"家猫"
（"Domestic Cat"）
animals.nationalgeographic.com/animals/mammals/domestic-cat/

"在我镜头下的猫"
（"My Shot: Cats"）
kids-myshot.nationalgeographic.com/search?s=cats&t=photo&submit

"你真的懂得如何训练猫吗？"
（"Can You Really Train Your Cat?"）
video.nationalgeographic.com/video/news/training-circus-cats-vin

Abbreviations: GI: Getty Images; SS: Shutterstock

COVER: (LOLE), Peter Wollinga/SS; Suzanne Tucker/SS; spine (UP), Eric Isselée/SS; back cover (LO), Life On White/GI; (UP) Mark Taylor/SS; Title page, Wildroze/iStockphoto; 3 (LORT), otsphoto/SS; 5, Christina Hall/San Diego Humane Society; 6-7, Cedric Girard/Biosphoto/ARDEA; 8 (LE CTR), Art Wolfe/Science Source; 8 (LOLE), Kevin Schafer/SS; 8 (LORT), Stuart G Porter/SS; 8 (UPRT), James Hager/GI; 9 (UPRT), Juniors Bildarchiv GmbH/Alamy; 9 (LE CTR), Howard Klaaste/SS; 9 (LOLE), gillmar/SS; 9 (CTR RT), Stanley Breeden/National Geographic Creative; 9 (UP CTR), Ron Kimball/Kimball Stock; 9 (UPLE), Sebastian Kennerknecht/Minden Pictures; 9 (UPRT), Eric Isselée/SS, 10, konradlew/iStockphoto; 13 (A), Viet Images/SS; 13 (b), Eric Isselée/SS, 13 (c), Petr Malyshev/SS; 13 (D), 4contrast_dot_com/SS; 13 (F), Oksana Kuzmina/SS; 13 (E), Peter Wollinga/SS; 14-15, konradlew/iStockphoto; 16, Gary Randall/Kimball Stock; 17, Photographer/ARDEA; 18, IMAGEMORE Co., Ltd./Alamy; 19, Roger Bamber/Alamy; 20, Kim Taylor/GI; 21, podlesnova/iStockphoto; 22, craftvision/iStockphoto; 23, Juniors Bildarchiv GmbH/ARDEA; 24 (LORT), Damien Richard/SS; 25 (LOCTR), koosen/SS; 25 (LOCTR), Andrey Armyagov/SS; 27 (LO), w-ings/iStockphoto; 30, Jagodka/SS; 28, Juniors Bildarchiv GmbH/Alamy; 30, AndreyStratilatov/iStockphoto; 31 (LOLE), Sascha Burkard/SS; 31 (LOLE), Sascha Burkard/SS; 31 (LORT), Tsekhmister/SS; 32, Idamini/Alamy; 32, Yuri/GI; 34, Life On White/GI; 35, Juniors Bildarchiv GmbH/Alamy; 36, Mark McQueen/KimballStock; 37, otsphoto/SS; 37, flibustier/iStockphoto; 40, Ermolaev Alexander/SS; 41, MaxyM/SS; 42, Autumn Driscoll; 43, Juniors Bildarchiv GmbH/Alamy; 44-45, Surachet Meewaew/SS; 46, Tony Campbell/Thinkstock; 48, Ravi Tahilramani/GI; 51, PBFloyd/Thinkstock; 52, Suzanne Tucker/SS; 53, serggn/Thinkstock; 54-55, Martin Barraud/GI; 55 (UP), Courtesy VenusMommy; 56, Waltraud Ingerl/GI; 57, Kim Kyung-Hoon/Reuters; 58-59, Tony Campbell/SS; 60, Elena Yakusheva/SS; 61, taviphoto/SS; 62, Michael Bodmann/GI; 63, Eric Isselée/SS; 64, Eric Isselée/SS; 65, Photodisc/GI; 66, Lori Lee Miller/GI; 67, Eric Isselée/SS; 68, Danylo Samiylenko/SS; 69, phasinphoto/SS; 71 (LOLE), Benjamin Simeneta/SS; 71 (LORT), nelik/SS; 72-73, Marina79/iStockphoto; 75, Herbert Spichtinger/Image Source/Corbis; 76, Renata Sedmakova/SS; 77, Ulf Bodin/GI; 78, Life on white/Alamy; 79, Eric Isselée/SS; 80, Roland IJdema/SS; 81, Life on white/Alamy; 82, Willowpix/GI; 83, Juniors Bildarchiv GmbH/Alamy; 84, Clive Streeter/GI; 85, Sukharevskyy Dmytro (nevodka)/SS; 86, Jose Manuel Gelpi Diaz/Alamy; 87, Jane Burton/GI; 88, Gandee Vasan/GI; 89, Eric Isselée/SS; 90, erlucho/iStockphoto; 91, Akimasa Harada/GI; 92-93, otsphoto/SS; 95, Cindy Prins/GI; 96, Robert Eastman; 97, Tierfotoagentur/Alamy; 98, Andrea Lobina Photography/GI; 99, Linn Currie/SS; 100, Jane Burton/GI; 101, Andrey_Kuzmin/SS; 103, Juniors Bildarchiv GmbH/Alamy; 104, EuroStyle Graphics/Alamy; 105 (LORT), Elena Efimova/SS; 106-107, nde/Alamy; 109, Kachalkina Veronika/SS; 110, John Daniels/ARDEA; 111, ejkrouse/iStockphoto; 112, GK Hart/Vikki Hart/GI; 113, Rina Deych; 114, perets/iStockphoto; 115, John Daniels/ARDEA; 116-117, Juniors Bildarchiv GmbH/Alamy; 118, Akimasa Harada/GI; 121, Diana Taliun/SS; 123, Stefano Garau/SS; 124, Alex Studio/SS; 126, Tierfotoagentur/Alamy; 127, Juniors Bildarchiv GmbH/Alamy; 128-129, Akimasa Harada/GI; 130, Mila May/SS; 133, kurhan/SS; 135, Jane Burton/GI; 137, Eric Isselée/SS; 139, Xiaojiao Wang/SS; 140, Waltraud Ingerl/GI; 142, Hulya Ozkok/GI; 145, Eric Isselée/SS; 147, otsphoto/SS; 148, SJ Allen/SS; 151 (LORT), Jane Burton/GI; 151 (LOLE), locrifa/iStockphoto; 153, Remains/iStockphoto; 154 (UP), Labat-Rouquette/KimballStock; 154 (LO), Nailia Schwarz/SS; 155 (UPLE), Ron Kimball/Kimball Stock; 155 (UPRT), Jean-Michel Labat/ARDEA; 155 (LO), Wildlife Bildagentur GmbH/Kimball Stock; 156 (LO), DEA Picture Library/GI; 156 (UP), DEA/G. DAGLI ORTI/GI; 157 (UPLE), Juniors/Juniors/SuperStock; 157 (UPRT), AP Photo/Sergey Ponomarev; 157 (CTR), Marina Jay/SS; 157 (LOLE), HannamariaH/iStockphoto; 157 (LORT), Bettmann/Corbis; 158 (UPLE), Culture Club/SS; 158 (UPRT), Jagodka/SS; 158 (LOLE), Hulton-Deutsch Collection/Corbis; 159 (UPLE), Melinda Sue Gordon/KRT/Newscom; 159 (UPRT), tadijasavicp/SS; 159 (LOLE), Chris leachman/Alamy; 159 (LORT), Savagepunk Studio; 160 (UPLE), Paisit Teeraphatsakool/SS; 160 (UPRT), AlexussK/SS; 160 (LOLE), dragi52/SS; 160 (LORT), DeanDrobot/iStockphoto; 161 (UPLE), Eric Isselée/SS; 161 (UPRT), Eric Isselée/SS; 161 (LOLE), Nataliya Kuznetsova/SS; 161 (LORT), Chanan Photography/Kimball Stock; 162 (UPLE), Axel Bueckert/SS; 162 (UPRT), Eric Isselée/SS; 162 (LOLE), Eric Isselée/SS; 162 (LORT), Eric Isselée/SS; 163 (UPLE), lein-Hubert/KimballStock; 163 (UPRT), Sarah Fields Photography/SS; 163 (CTR LE), Juniors/Juniors/SuperStock; 163 (CTR RT), Anatoliy Lukich/SS; 163 (LO), Krissi Lundgren/SS; 164 (LOLE), Jagodka/SS; 164 (LORT), JestersCap/iStockphoto; 165 (UP), agostinosangel/iStockphoto; 165 (CTR), Linn Currie/SS; 165 (LO), Duncan Usher/ARDEA; 166 (UP), Brooke Becker/SS; 166 (LO), Yurchyks/SS; 167 (UPLE), Rita Kochmarjova/SS; 167 (UPRT), Suzifoo/iStockphoto; 167 (LO), Tony Campbell/SS; 169, GlobalP/iStockphoto

献给汉娜，我写下这本关于猫的书，终于实现了你一直以来的愿望。

——艾琳·亚历山大·纽曼

感谢圣地亚哥动物保护协会猫咪托儿所里无私的工作人员和志愿者们，你们不知疲倦地照顾着每年来到我们这里的成千上万的新生小猫和孤儿猫。谢谢你们拯救了这么多生命！

——加里·韦茨曼

图书在版编目（CIP）数据

教你读懂猫语：完全听懂猫咪内心世界指南 /（美）艾琳·亚历山大·纽曼，
（美）加里·韦茨曼著；张靖之译. -- 北京：中国画报出版社，2019.8
书名原文：How to Speak Cat
ISBN 978-7-5146-1743-6

Ⅰ.①教… Ⅱ.①艾… ②加… ③张… Ⅲ.①猫—驯养 Ⅳ.① S829.3

中国版本图书馆 CIP 数据核字 (2019) 第 091002 号

著作权合同登记号：图字 01-2019-1428

Copyright © 2015 National Geographic Partners, LLC. All rights reserved.
Copyright Simplified Chinese edition © 2019 National Geographic Partners, LLC. All rights reserved. Reproduction of the whole or any part of the contents without written permission from the publisher is prohibited.

本作品中文简体版权由美国国家地理学会授权北京大石创意文化传播有限公司所有，由中国画报出版社出版发行。

未经许可，不得翻印。

自1888年起，美国国家地理学会在全球范围内资助了超过12000项科学研究、环境保护与探索计划。学会的部分资金来自国家地理合股企业（National Geographic Partners, LLC），您购买本书也为学会提供了支持。本书所获收益的一部分将用于支持学会的重要工作。更多详细内容，请访问 natgeo.com/info。

NATIONAL GEOGRAPHIC 和黄色边框设计是美国国家地理学会的商标，未经许可，不得使用。

教你读懂猫语：完全听懂猫咪内心世界指南

[美] 艾琳·亚历山大·纽曼　[美] 加里·韦茨曼 著　张靖之 译

出 版 人：于九涛
总 策 划：李永适　张婷婷
责任编辑：刘晓雪
执行编辑：朱露茜
特约编辑：于艳慧　卓 尔
责任印制：焦 洋

出版发行：中国画报出版社
地　　址：中国北京市海淀区车公庄西路33号 邮编：100048
发 行 部：010-68469781　010-68414683（传真）
总编室兼传真：010-88417359　版权部：010-88417359

开　　本：32 开（889mm x 1194mm）
印　　张：5.5
字　　数：160 千字
版　　次：2019 年 8 月第 1 版　2019 年 8 月第 1 次印刷
印　　刷：天津市豪迈印务有限公司
书　　号：ISBN 978-7-5146-1743-6
定　　价：49.80 元